U0158402

国家出版基金项目

"十三五"国家重点出版物出版规划项目

深远海创新理论及技术应用丛书

海底观测网络技术

杨灿军　陈燕虎　张　锋　张志峰　编著

海洋出版社

2023年·北京

内 容 简 介

随着高科技的蓬勃发展,海底观测网络已成为海洋科技领域一个新热点。海底观测网络不仅为揭示地球表面过程的机理提供了新的途径,也为探索地球深部创造了新的研究渠道。本书从海底观测网络的技术内涵展开,探讨了海底观测定义和技术概述等,阐述了岸基系统、组网海缆及附件这些重要组成部分,同时对海底观测网络的电能供给、水下电能管理、通信与对时、海缆故障诊断与隔离、终端传感与监测、系统集成与测试、海上施工与维护等进行了介绍。最后,本书还通过典型案例,介绍了国内外海底观测网应用技术和现状。

本书可供海洋技术、海洋装备等领域研究人员参考。

图书在版编目(CIP)数据

海底观测网络技术 / 杨灿军等编著. --北京:海洋出版社,2023.6
(深远海创新理论及技术应用丛书)
ISBN 978-7-5210-1112-8

Ⅰ.①海… Ⅱ.①杨… Ⅲ.①计算机网络-应用-海底测量 Ⅳ.①P229.1-39

中国国家版本馆 CIP 数据核字(2023)第 090271 号

审图号:GS 京(2023)1369 号

责任编辑:任 玲 郑跟娣
责任印制:安 森
出版发行:海洋出版社
网　　址:www.oceanpress.com.cn
地　　址:北京市海淀区大慧寺路 8 号
邮　　编:100081
开　　本:787 mm×1 092 mm　1/16
字　　数:310 千字

发 行 部:010-62100090
总 编 室:010-62100034
编 辑 室:010-62100026
承　　印:鸿博昊天科技有限公司
版　　次:2023 年 6 月第 1 版
印　　次:2023 年 6 月第 1 次印刷
印　　张:16
定　　价:132.00 元

本书如有印、装质量问题可与本社发行部联系调换

前　言

随着高科技的蓬勃发展，海底观测网络已经成为海洋科技领域一个新热点。假如把地面与海面看作地球科学的第一个观测平台，把空中的遥测遥感看作地球科学的第二个观测平台，那么 21 世纪在海底建立的观测网络，则是地球科学的第三个观测平台。在海底观测体系中，海底观测网络则是功能最为齐全、观测时间最长、技术含量最高的一种。海底观测网络是通过各种技术手段对海洋进行全面、实时、连续地获取各类信息的一种观测网络，主要分为锚系观测网和缆系观测网。

海底观测网络不仅为揭示地球表面过程的机理提供了新的途径，也为探索地球深部创造了新的研究渠道。美国、加拿大、日本等国家面向热液现象、地震监测、海啸预报、全球气候等科学目标，开展了相关的研究工作，分别建立了海底观测示范网络与实际应用系统。这些工作对于海洋科学研究、海底资源开发、自然灾害监测与预报、热液作用与极端生态系统的研究显得尤其重要。同时，海底观测网络也为军事海洋学研究创造了新的可能。

发展海洋科技和海洋经济，建设海洋强国，是国家重大战略任务。习近平总书记在党的十九大报告中指出："坚持陆海统筹，加快建设海洋强国。"在党的二十大报告中，习近平总书记强调我国已在深海深地探测等方面取得重大成果，发展海洋经济，保护海洋生态环境，加快建设海洋强国。我们建设海洋观测网，建立立体监测体系，完善水文、气象、航道等基础资料，强化海洋安全保障体系建设，有助于捍卫国家领土完整、维护国家海洋权益不受侵犯。

本书对海底观测网的技术内涵展开研究，分别探讨了海底观测定义和技术概述等，讨论了岸基系统、组网海缆及附件这些重要组成部分，同时对海底观测网络的电能供给、水下电能管理、通信与对时、海缆故障诊断与隔离、终端传感与监测、系统集成与测试、海上施工与维护等进行了介绍。最后，本书还通过典型案例，介绍了国内外海底观测网应用技术和现状。

　　海底观测技术是一个蓬勃发展中的、崭新的高科技领域，许多方面尚处于不断地发展与完善之中，囿于我们的水平和时间限制，书中错误和不妥之处，敬请批评指正。

2022 年 11 月 26 日

目 录

$\boldsymbol{1}$　绪　论

1.1　海底观测概述

1.1.1　海底观测的定义

海洋占据了地球表面的三分之二，它对气候变化、地质变迁、生态循环以及人类的活动等方面都产生着重要的影响。人类若能深刻了解海洋，就能更好地预测海洋带来的各种变化，也就既能享受海洋给人类带来的丰富资源，同时也能在一定程度上规避海洋引起的无情灾害，实现与海洋的和谐共处。

从远古时代的木舟到当今的远洋科考船，从 500 年前达·芬奇设想的穿着潜水服巡游海底世界到当前的载人潜水器(human occupied vehicle，HOV)，人类在不断地尝试着去了解海洋和认识海洋。海洋科技发展到当今时代，已经取得了丰硕成果。科学家和工程师们通过海面科考船、潜水器、坐底式观测仪等工具来不断探索海洋，倾听海底乃至地球更深层次的声音，取得了巨大的研究进展。然而，前期的研究大都基于离散的、离线的海洋信息，人类更迫切地需要全面、实时、连续地获知海洋的各类信息。近 30 年来，许多海洋科学家将注意力投向了海洋连续观测，通过建设"海底实验室"或者全球海洋观测系统等，以获得实时的海洋信息。

目前，对海洋的连续观测网络中主要有锚系观测网和缆系观测网。锚系观测网是指在海底和海面之间通过浮标、潜标、锚碇、观测器等组成的一个基于海洋剖面观测的系统，该类系统主要用于区域性水体的剖面观测，如赫赫有名的地转海洋学实时观测阵(array for real-time geostrophic oceanography，ARGO)，俗称 ARGO 全球海洋观测网或 ARGO 计划。锚系观测网的供电和通信依赖于水上浮标的电能供给和无线通信，可独立于陆地系统，具有较为灵活的布放和观测方式，因此，可应用在海洋的任何一个地方。但锚系观测网主要依靠浮标将其他能量(如太阳能、海洋能等)转换为电能实现电能供给，而通信又是基于无线方式，因此，电能供给能力和通信能力有限，同时浮标还易受到海面天气和交通等影响，使用和维护成本较高。缆系观测网是指在海底与陆地之间通过海缆、接驳盒和观测器等组成的一个基于海底的观测系统，因其基础设

1

施布放在海底，不受海面气候和交通等影响，而电能传输和通信又依赖于有线方式，因此具有更高的可靠性和更广的观测区域。

缆系观测网因其强大的电能供给能力和超高的数据传输速率成为近10年来的研究热点，其基本思路为：将海底或者海洋的观测仪器和设备，通过海缆连接起来，并与陆地上的电网和信息网有机结合，从而实现将陆地观测延伸到海洋深处。图1-1所示为 Howe 等（2004）提出的缆系海底观测网的结构概念图。光电复合缆连接岸基站和海底的多个接驳盒，接驳盒可提供多个标准水下插拔接口，依靠无人遥控潜水器（remote operated vehicle，ROV）水下作业，海底或者海洋的各类观测仪器、作业机器可直接连接到接驳盒的标准端口上，以获取电能和通信通道，从而组成一个与岸基站相连的有机网络。电能通过光电复合缆传输到每一个用电设备，而通信则通过光电复合缆的光纤传输。通过有机介质线路，可实现大功率的电能输送和数据交互。

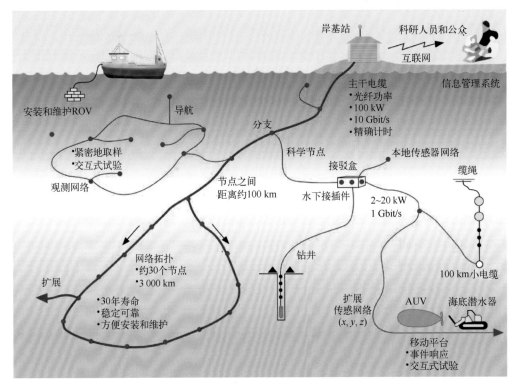

图1-1　缆系海底观测网结构概念图

1.1.2　海底观测的科学价值

随着对海洋研究的深入和发展，长期、实时、连续、在线的海底观测需求日趋强烈。近10年来，国际上涌现了大量的海底观测网络，并各自展现出了其强大的作用力，促进了海洋科学事业的发展，提高了自然灾害预测能力。

近年来，加快发展海洋事业已成为我国的战略决策，其中海底观测网建设也受到了各方重视。无论是从科学技术发展还是从维护海洋权益、海洋资源开发和海洋环境保护等方面考虑，海底观测网都属于优先发展的范围。从科学技术发展角度看，我国的海洋科学发展长期落后于国际步伐，皆因落后的海洋科学研究手段和平台，拥有海底观测网意味着海洋科学研究方式的变革，向实现从海洋表面到从海洋内部研究海洋方式的转变，将大大推动我国发展相对缓慢的海洋科学研究；同时，海底观测网建设是一个综合性相当强的工程，它所使用的技术汇集了多个行业的精华，因此，建设海底观测网反过来还可以促进相关行业的技术发展以及交叉学科的进步。从国家主权利益层面看，海洋拥有的丰富资源往往使其成为国家边界争议的焦点，因此，海洋权益维护成为国防事业的重要组成部分。而今，海洋权益已经由传统的海面之争扩展到了海底，而海底观测网正是掌控海底的重要手段。通过建立海底观测网，海底的一切都将完全呈现在我们眼前，将海洋完全实现透明化，从而能够掌握海洋的任何动向。从经济利益层面讲，海底观测网可应用于海底资源勘探和开发、海洋渔业发展，还可应用于海面交通导航，大大提升国民经济发展速度；从海洋环境保护和防灾减灾层面讲，海底观测网的一个重要功能就是监测海洋变化，在海洋地质灾害和气候灾害的预测方面，可达到传统预测手段达不到的高度。因此，科学发展和国家需求的相互结合，使得建设海底观测网的意义重大。

1.2 海底观测对象

海底观测网通过搭载大量的海洋传感器，对海洋进行透明化观测。依赖于海底观测网，可实现海洋观测方式的变革性转变。

1.2.1 海洋物理性质观测

海洋科学最早的观测是从物理海洋学开始的，近半个世纪以来，海洋现场观测已经从船基观测扩展到了水下原位观测，即将仪器投放到需要观测的地方进行原位测量，典型的观测手段为浮标、潜标和锚碇浮标等。不同的科学研究目标，要求有不同的物理海洋学观测系统，如为了揭示厄尔尼诺的成因，寻找合适的预报机制，常规的卫星遥感难以满足需求，还需要有原位的海洋长期观测。于是，作为全球气候研究计划的重要组成部分，"热带海洋与全球大气"(tropical ocean-global atmosphere，TOGA)计划于1985年开始实施。TOGA计划在太平洋赤道两侧布放了70个锚碇浮标，可连续测量海面风速和风向以及海面以下不同剖面的温度、盐度和压力数据。通过对热带太平洋的十年(1985—1994)调查，找到了提前半年到一年预报厄尔尼诺的途径，圆满地完成了研究任务。此类观测方式依赖于海面浮标，具有较高的故障风险和维护成本，而通过海底观测网，则可以实现更长时、更精细的观测，降低维护成本，实现更高效的海洋观测。

1.2.2　海洋化学性质观测

海水是一个含有数十种化学元素的复杂系统，包含多种无机物、有机物及气体等。有些化学物质大量存在于海水中，而有些却含量极微。对这些化学物质的研究对海洋研究尤其是海洋生物和生态研究具有重要意义，因为很多化学参数的变化正是生命活动的条件或结果。对海洋表层化学性质的观测，主要是浮游生物群的活动和盛衰。对深海海底化学性质的观测，主要是热液、冷泉及底栖生物群、深海生物圈之间的化学作用。海洋水柱是表层有机质向下沉降腐解和海底涌出的流体向上扩散的介质。从更广的视角看，全球气候变化和碳循环、深海能源与矿产资源开发，都需要对海洋的化学过程进行观测。具体而言，海洋化学过程长期观测的主要对象有海底地下水溢出和深海热液羽状流化学物质、冷泉的甲烷喷溢、海水中的溶解气体(甲烷、溶解氧和二氧化碳等)、营养盐等各类海洋化学成分或物质。

1.2.3　海洋生物观测

海洋生物是海洋有机物质的生产者，广泛参与海洋中的物质循环和能量交换，对其他海洋环境要素有着重要影响。在海洋中生活着形形色色的生物，由于其具有宏观形态，且大部分与人类生活有直接关系，因此，海洋生物研究是海洋科学最早的研究方向之一，但早期的海洋生物研究都局限于鱼类生物的分类描述上。直到20世纪最后的30年，海洋生物学研究在经历了一系列深刻变化后，进入了一个新时期。一方面，发现了深海生态系统和海洋微生物的广泛存在，使海洋生物圈的范围大为拓展；另一方面，面对气候变化和资源枯竭的挑战，海洋生态环境引起社会关注，而对碳循环的追踪又引出了"生物泵"概念，从而促进了海洋生态学研究。与此相应，新时期的海洋生物学研究从分类描述转向机制探索，不但要求有全球视野和定量统计，而且对海洋生态过程的观测还变成了研究重点。如深海热液活动和热液生物群的形成、生长、繁荣、衰退和消亡过程，鱼类全球的迁徙经历，浮游生物的在线采集与色谱分析，底栖生物群落的在线观测，海底微生物的现场观测等，都要依赖于长期在线原位观测，这些都是传统的海洋观测技术手段难以实现的，而海底观测网正好解决了这一瓶颈。

1.2.4　海底地质观测

海底地质研究涉及海洋地质、地貌和地球物理等。海洋地质学是研究地壳被海水淹没部分的物质组成、地质构造和演化规律的学科。海洋地貌学是研究海水覆盖下的固体地球表面形态特征、成因、分布及其演变规律的学科。地球物理学是地质学与物理学的交叉，通过对地球的各种物理场分布及其变化进行观测，探索地球本体及近地空间的介质结构、物质组成、形成和演化，研究与其相关的各种自然现象及其变化规律。通过对海底地质的观测和研究，为探测地球内部结构与构造、寻找能源和资源及环境监测提供理论、方法和技术，为灾害预报提供重要依据。

目前，海洋地质观测和研究除采用传统的调查技术外，还采用全球定位系统、载人潜水器、自主式潜水器、水下拖曳系统等技术。近 20 年来，通过海洋地球物理调查和深海钻探，取得了多方面的研究成果，但许多地质学家预测，21 世纪的海洋地质学调查研究工作仍然在两个方面进行：一是基础地质调查，如环境地质和灾害地质调查；二是资源调查，如油气、砂矿、建筑材料、铁锰结核及结壳、天然气水合物、热液硫化物、深海黏土及软泥等。而这些调查研究除了传统的技术手段以外，海底观测网在长期、连续、实时原位观测方面将会起到重要的支撑作用。

1.2.5 水下目标观测

水下目标尤其是潜艇、潜水器和鱼雷等，具有隐蔽性好、机动性强等特点，在海战中扮演着重要角色，是各国竞相发展的重要军事装备，同时也竭力研究和开发各种探潜技术和反潜武器。因此，水下目标的探测和识别一直以来都是维护国家海洋权益的重要支撑手段。海底观测网作为一种水下输能和通信载体，是对水下目标实行观测的良好技术手段。通过在海底观测网上搭载在线声呐探测系统组成单点或分布式结构，可构建出高精度、全方位的海洋权益防御支撑体系。

1.3 海底观测网技术概述

海底观测网由岸基电源、光电复合海缆、水下分支器和水下节点组成，光电复合海缆包括铜导体和多对光纤，其中铜导体用于电能传输，光纤可为系统提供高带宽的通信速率；每个水下节点包括一个主级接驳盒、多个次级接驳盒和多个终端设备，且每个水下节点连接一根分支缆，通过水下分支器(branching unit，BU)与海底观测网的主干缆连接；观测终端或仪器设备可通过有线或无线的方式连接到水下节点上，获取连续的电能供给和高速通信通道。

1.3.1 输电系统架构

海底观测网的输电系统架构具有四种结构类型：第一种是树形拓扑结构，即主干网和支路网均为树状发散形结构。该类型结构只有一个岸基站，自岸基站起以一对多的方式扩展，线路清晰，扩展容易，故障定位和隔离均容易实现；第二种是星形拓扑结构，该类型结构主干网为星状而支路网为树状发散形结构。该类型结构也可以认为是多个树形结构的组合，相邻星形桥臂互不影响；第三种是环网拓扑结构，该类型结构主干网为环形而支路网为树状发散形。该类型结构具有两个岸基站，分别连接在主干环路两端，当主干缆出现故障时，系统将故障缆隔离之后，该网络结构自故障点被一分为二变成两个独立的树形结构的供电网；第四种是网格拓扑结构，该类型结构主干网为网格状而支路网为树状发散形的结构。这种类型结构具有多个岸基站，结构极其复杂，技术难度最大，出故障率最高，建设和维护成本也最大。

1.3.1.1 树形拓扑结构

树形拓扑结构采用一根光电复合海缆作为延续入深海海底的电能与通信传输线，在该缆上每隔一定距离布放一个水下节点，每个水下节点包含一个主级接驳盒系统和多个次级接驳盒系统，为水下海洋探测科学仪器提供电能支撑和通信转接（图1-2）。主级接驳盒系统以并联的方式依次分布在主传输电缆上，在每个节点处，从主缆上使用分支器将主缆一分为二，一根分支缆连接到当前节点的主级接驳盒系统上，另一根沿着海床延伸至更深更远的海底。

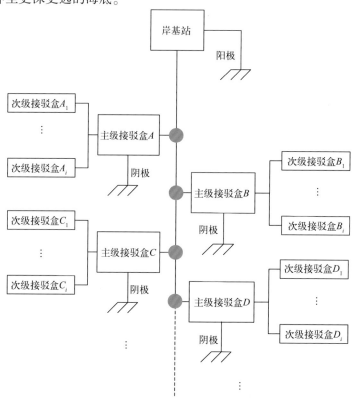

图1-2　海底观测网树形拓扑结构示意图

海底观测网电能传输与分配系统中，树形拓扑结构是最早应用于其供电系统中的拓扑结构，在供电线缆上搭载一个或两个节点以组成海底观测平台。

1.3.1.2 星形拓扑结构

星形拓扑结构，即从一个岸基站，向不同方向延伸出两根及两根以上的传输电缆，每根电缆的拓扑结构同树形拓扑结构相同，存在多个水下节点(图1-3)。星形拓扑结构的优势在于，当岸基电源可以提供足够的功率输出，相邻的星形桥臂之间互不影响，传输线缆上的节点电压、传输电流、节点输出功率和覆盖范围，均由各自的水下节点拓扑结构和稳态特性来决定，具体如：①覆盖范围不受单根传输线缆限制，可以向不同的方向覆盖；②星形桥臂之间相互独立，互不影响；③共用同一个岸基站和岸基供电单元，减少了资源重复和浪费。

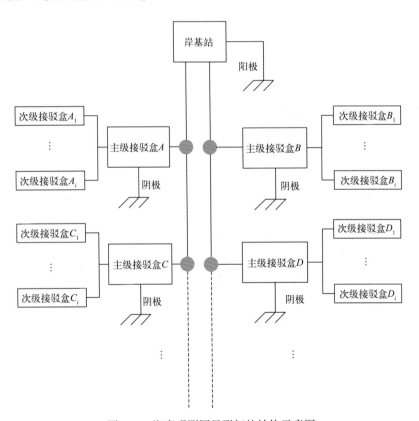

图 1-3 海底观测网星形拓扑结构示意图

该结构也存在劣势：由于是多根传输线缆同时进行电能传输，因此对阳极的消耗较高；且由于岸基站位置是固定的，只能拓宽某个局部区域的观测范围，而无法进行多点多位置的同时观测。

1.3.1.3 环网拓扑结构

环网双供电式拓扑结构即采用一根首尾均位于陆地上的光电复合缆作为延续入深海海底的电能与通信传输线，形成一个贯穿于海底的环线，在环线的两端，分别进行岸基站和岸基电源的配置，从光电复合缆的两端实现对传输缆上的节点进行供电（图1-4）。环网拓扑结构的优势是：①当传输缆在中间部位破裂时，可以形成两个树形拓扑结构的观测网络，分别由两端的岸基电源进行供电，继续工作；②具有高可靠性，因岸基供电电源相互独立，在运行过程中，可以不间断地对海底节点进行电能供给；③由于采用两端供电，因此局部传输线缆上的电流降低，提高了电缆使用寿命；④双电源供电，可以有效地提高传输线缆上的节点电压。

该结构的劣势有：①由于传输线缆在布放完成后，其总长度和观测地点即确定下来，无法在后期进行更远距离、更大范围的扩展；②局部传输线缆上电压升高，可能造成电缆长期运行时与海水之间发生高压击穿。

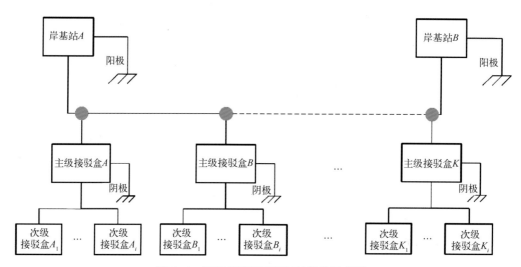

图1-4　海底观测网环网拓扑结构示意图

1.3.1.4 网格拓扑结构

网格拓扑结构采用多个岸基供电电源，以网格连接的方式将所有的节点进行分布，在每个网格的交点位置，即放置一个水下节点，该节点与网络其他节点均为并联关系，并且在合适的位置布置岸基站和岸基电源，实现多点供电，覆盖了较大范围内的海域（图1-5）。该类型结构的优势是：①兼具树形拓扑结构的易扩展性和环网双供电式拓扑结构的分布式电源结构；②分布式网口结构应用多个供电单元进行独立供电，具有更高的可靠性；③网格状分布可以大范围密集覆盖目标观测海域；④具有非常高的扩展性能。

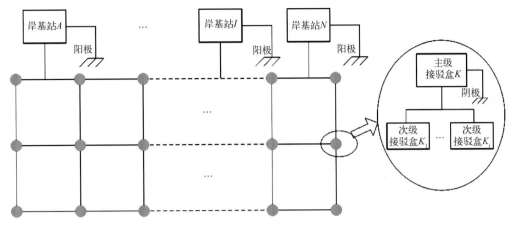

图 1-5　海底观测网网格拓扑结构示意图

　　网格拓扑结构也存在劣势：①当某个节点或某段传输线缆发生故障时，可能导致整个系统的崩溃；②节点网络组成复杂，各个网格之间串并联结构，在节点处可能造成电流分配不均匀。

1.3.2　输电方式

　　传统的电力传输系统分为交流供电方式和直流供电方式两大类，其中，交流供电方式具有单相和三相之分，直流供电方式具有单极和双极以及恒压和恒流之分。本节主要介绍这几种传统的输电方式以及在水下应用时的优缺点。

1.3.2.1　交/直流供电方式

　　交流供电方式已在陆地上应用了多年，无论是单相还是三相，技术都极其成熟，早期的一些海底观测网大多采用交流供电方式。不过，海底应用不同于陆地：首先，海底观测网的覆盖区域较大，传输线路较长，采用交流供电方式，输电网需要传递用于能量存储和传输的无功功率，在视在功率恒定的情况下，引入大量无功功率势必降低了有功功率的输送容量，因此，交流供电方式需配备体积较大的功率补偿设备，严重制约了其在水下的应用；其次，交流供电方式频率较低，通常在数十赫兹，其瞬态特性具有低频特性，响应速度较低，所产生的谐波干扰不容易滤除，同时交流设备体积大，质量大，不利于水下应用；另外，交流供电方式至少需要 3~4 根输电导线，成本较高。因此，传统的交流供电方式难以在海底尤其是深海大范围应用，只能用于近岸的小范围观测网，如美国的长期生态系统观测网（long-term ecosystem observatory，LEO-15）等近岸观测网（图 1-6）。

　　相对于交流供电方式，直流供电方式更适合于水下应用。首先，直流供电方式能量传递不依赖于无功功率,同等条件下理论上具有更高的输送容量;其次,直流供电方式中的瞬态特性只与输电线上的寄生电气参数和级联的电气设备有关,响应时间常数非常小,通常在毫秒甚至微秒级别,因此其瞬态具有高频特性,响应速度更快,所产生的干扰更容易滤除;再次,直流输电系统只需要两根导体或者仅需一根导体而与海水形成回路,在成本上和输电损耗上都优于交流输电系统。

图1-6 美国长期生态系统观测网(LEO-15)

1.3.2.2 直流恒流输电方式

直流恒流输电方式是指保持输电线上的电流恒定,水下设备的恒压供给依靠串联在输电线上的CC/CV变换设备来提供。恒流系统的最大优势是具有强大的抗故障能力,当线路出现短路故障(如线缆断裂)时,在故障点与供电岸基站之间的输电网络上的电流依然不变,其间的所有设备仍然可以正常运作。因此,恒流系统适合使用在海底地质情况复杂、容易发生地质灾害的地带(如地震带)。但恒流系统也存在明显的缺点:首先,其扩展难度大,为保证所有输电线路电流恒定,在线路的分支处需要安装恒流分流器;其次,恒流系统的电能利用效率较低,因电流恒定,即使在有效负荷为零的情况下,输电线上的损耗仍保持在较高值,电能输送能力较弱,不适合大规模大功率组网建设。

利用废弃的跨洋通信缆作为输电主干,可大大降低海底观测网的建设成本,全球第二代和第三代跨洋通信缆的二次利用,大大地加快了全球“透明海洋”和“智慧海洋”的建设进程,但受到通信缆上中继器供电方案的限制,采用跨洋通信缆为海底观测网输电时,只能采用直流恒流供电方式和基础保障,如日本的密集型海底地震和海啸监测网络系统(dense ocean-floor network system for earthquakes and tsunamis, DONET)(图 1-7)。

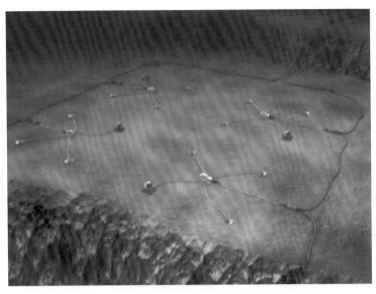

图 1-7　日本密集型海底地震和海啸监测网络系统

1.3.2.3　直流恒压输电方式

直流恒压输电方式是指保持输电线上的电压恒定。与直流恒流输电方式正好相反,基于直流恒压输电方式的海底观测网具有更强的电能输送能力,能量利用率高。所有的水下节点以并联的方式连接到水下网络中,如果必要,可以在网络的任何一点通过水下分支器扩展出一个水下节点,其扩展性高于基于直流恒流输电的海底观测网。另外,成熟的 DC/DC 开关电源变换技术得以在水下网络中应用,该类变换设备的体积相对于 AC/DC 或者是 CC/CV 等变换设备要小,更适用于对体积要求较为苛刻的深海环境。直流恒压输电方式同样具有明显的缺点,该方式对于接地电阻故障非常敏感,当系统拓扑结构中存在缺陷,对海水的接地电阻呈现为低阻故障时,可能造成整个系统崩溃。综合而言,只要提高直流恒压系统的故障诊断和隔离能力,尤其是短路故障隔离能力,直流恒压系统就更适合大规模大功率的水下供电网建设,也因此更容易受到大多数科学家的青睐,用于建设面向各种常规科学观测任务的综合性海底观测网,如加拿大的东北太平洋时间序列海底观测网(north-east Pacific time-series undersea networked experiments, NEPTUNE, 又称为海王星海底观测网)[图1-8(a)]、美国的 OOI-RSN 海底观测网[图1-8(b)]以及我国的东海摘箬山岛 ZE2RO 试验网[图1-8(c)]和南海海底观测试验网[图1-8(d)]。

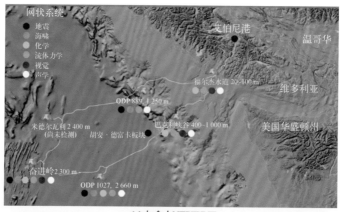

(a) 加拿大NEPTUNE

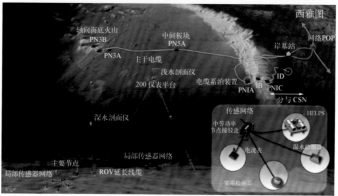

(b) 美国OOI-RSN

(c) ZE2RO试验网

(d) 南海海底观测试验网

图1-8 国内外直流恒压输电方式海底观测网

1.3.3 通信系统

海底观测网通信技术是整个观测网络正常运行的重要保障，用以将岸基命令传递到水下接驳盒中，以方便科研人员进行各种复杂的远程操作，同时，水下采集的数据以及状态监测信息也通过通信电缆源源不断传输到岸上，以供研究使用。通信结构形式多样，不同于供电架构，可根据网络速率要求、传输距离、可靠性和扩展性等多方面综合考虑选择合适的通信方式。

1.3.3.1 高速通信

海底光缆通信系统大体上可分为两大类：一类是有中继的中长距离系统；另一类是无中继的短距离系统。有中继的中长距离海底光缆通信系统适合于国际间的跨洋通信。无中继的短距离海底光缆通信系统适合于大陆与近海岛屿、岛屿与岛屿之间的通信，其结构比有中继的通信系统简单一些。

一个典型的有中继的海底光缆通信系统构成如图 1-9 所示。海底光缆通信系统一般分为水下设备和岸上设备两大部分，水下设备主要包括海底光缆（submarine optical fiber cable）、光放大器（optical amplifier）、线路终端设备（line terminal equipment）、中继器（repeaters）和水下分支器；岸上设备主要包括线路终端设备、海缆终端设备（cable terminal equipment，CTE）、远供电源设备（power feed equipment，PFE）、线路监测设备（line monitor equipment）、同步数字系列（synchronous digital hierarchy，SDH）设备、网络管理设备（network management equipment）以及海洋接地装置（ocean ground）等。

光放大器对光信号进行放大，海底分支器实现海底光缆的分支和电源远供的倒换。线路终端设备负责再生段端到端通信信号的处理、发送和接收。在波分复用技术商用之前，第一代和第二代海底光缆系统的线路终端设备为准同步数字系列（plesiochronous digital hierarchy，PDH）或同步数字系列终端设备，20 世纪 90 年代后期，波分复用技术引入海底光缆系统，光、电分层，线路终端设备变为光层设备。早期的海底光缆系统都是点对点系统，随着传输容量的增大，海底光缆系统多采用环形结构，同步数字系列层面采用网络保护倒换设备，支持 4 纤复用段共享保护环，环路倒换支持 G.841 要求的越洋应用协议。当环路发生故障时，倒换发生在业务电路的源、宿点，而不是发生在故障点的两个相邻节点。从而避免倒换之后，业务电路多次越洋，造成传输时延增大。而随着通信技术的发展，新一代的光网络通信方式也可作为海底观测网通信架构的依托方式。

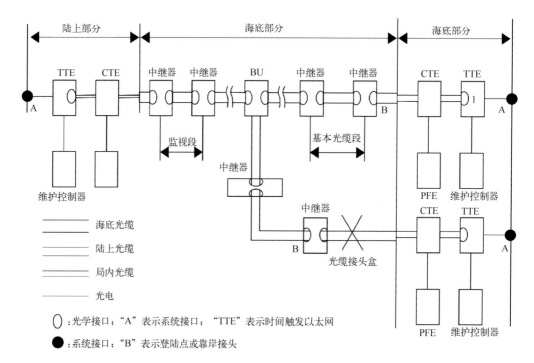

图 1-9　有中继的海底光缆通信系统构成示意图

1.3.3.2　以太网通信

数据通信的双方为了有效地交换数据信息，通过建立一些规约，来控制和监督信息在通信线路上的传输和系统间信息交换，这些规约称为通信协议。在计算机网络的体系结构上，为了改进异种计算机互联通信的状况，由国际标准化组织公布了开放系统互连参考模型（open systems interconnection–reference model，OSI–RM）。具有代表性的局域网（LAN）技术主要是以太网（ethernet）技术和令牌环（token ring）网技术。除此之外，还发展了在光纤介质上运行、通信距离更远的光纤分布式数据接口（fiber distributed data interface，FDDI），也可用作局域网的干线或者园区网。

图 1-10 是以太网的协议参考模型。以太网协议的传输层、网络层协议为传输控制协议/网际协议（transmission control protocol/internet protocol，TCP/IP），所以又称为 TCP/IP 网络，目前 TCP/IP 协议实际上已成为网际互联通信的标准。UNIX 操作系统的开发者也把 TCP/IP 协议植入 UNIX 系统的内核中，使得使用 UNIX 系统的计算机成为 TCP/IP 网络通信节点的主机。TCP/IP 网络不断改进，从原来的专用网络演变成开放的公共网络。随着网络上可使用的软件迅速增多，网络技术不断更新。利用光波交换、光电交换等技术，卫星、光缆、电缆等物理传输介质，基于 TCP/IP 通信协议形成了当今电信科技应用最为广泛的宽带网络技术，基于 TCP/IP 协议的通信将传统的窄带数据包传输速率从每秒数万

比特迅速提高到每秒数十万比特乃至吉比特以上，使视频、影音等大型数据得以流畅地在各种网络上进行自由传输交换。

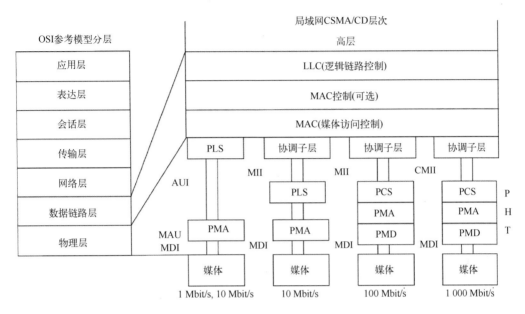

图 1-10 以太网的协议参考模型

在深海海底观测网中，通信系统主要是考虑采用基于 TCP/IP 协议的光纤以太网。光纤以太网技术是目前两大主流通信技术(以太网和光网络)的融合和发展，它集中了以太网和光网络的优点，如以太网应用普遍、价格低廉、组网灵活和管理简单，光网络可靠性高和容量大。光纤以太网的高速率、大容量消除了存在于局域网和广域网之间的带宽瓶颈，必将成为未来融合语音、数据和视频的单一网络结构。光纤以太网产品可以借助以太网设备，采用以太网数据包格式实现 WAN 通信业务。该技术可以适用于任何光电路——非调制的、密集波分复用(dense wavelength division multiplexing, DWDM)和同步数字系列。目前，光纤以太网可以实现 10 Mbit/s、100 Mbit/s 以及 1 Gbit/s 等标准以太网速度，而随着 10 Gbit/s 以太网标准(IEEE 802.3ae)正式得到批准，相信以太网的应用范围必将更为广泛。

1.3.3.3 低速通信

以太网 TCP/IP 协议主要作为深海海底观测网中主干网通信协议的优先考虑项。但是，在深海海底观测网接驳盒子网中，由于接驳接口搭载不同的传感终端设备，因此可能面对不同的信息传输协议，除了 TCP/IP 协议，还包括 RS232/485/422 等多种通信协议。另外，对一些特殊深海观测设备的信号传输和控制工作也可考虑采用多种自定义规约和协议来完成。

实际应用时，不同的设备可能使用不同的传输协议，以满足自身需求。而作为观测设备接驳中心的次级接驳盒，需要对多种不同协议的传输信号进行汇总和转发，因此，需要对各种协议进行转换，如图 1-11 所示。不同协议的信息先经过转换汇总，再通过控制中心来完成信息的上传下达。

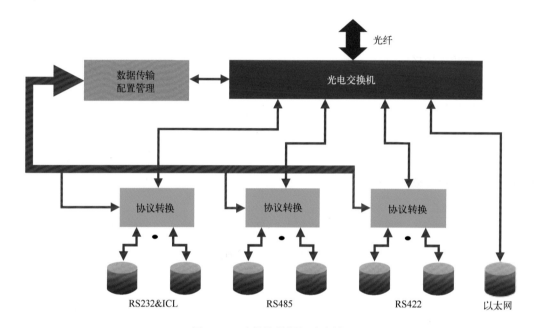

图 1-11　多协议数据汇聚流转

1.3.3.4　对时服务

时间同步是海底观测网的关键技术之一，也是进行深海高精度信号采样的需要。由于节点数量增多、信息量增大以及传输设备的存在，海底观测仪器、接驳盒的各种采样信号的采集和传输的同步性变得难以保证。采用统一的时间基准，才能保证数据的准确性、可靠性和有效性。海底观测仪器采集到的数据需要结合一定精度的外部时间同步信息，才能够与数十米到数十千米外的其他观测仪器采集到的信号或者与地面、海面甚至大气层中的事件进行联合分析实现其应用价值。对许多信号而言，同步精度达到秒级或毫秒级即可；但是对某些声学信号或者地震信号，同步精度要求微秒级甚至更高，只有配合非常准确的时间基准，这些信号的监测和联合分析才可以准确远程监测风暴、地震、海底火山喷发、滑坡、海啸和赤潮等各种突发事件。设计并实现基于海底观测网的时间同步系统，对海底接驳盒的同步控制和可靠运行以及海底观测仪器的实时监测、联合分析和灾害预报等具有重大意义。针对不同时间精度的要求，对时服务的协议主要包括网络时间协议（network time protocol，NTP）和精确时间协议（precise time protocol，PTP），分别实现毫秒级精度和微秒级精度对时。

1.3.4 故障监测

海底观测网从组成架构和电能传输方式而言，可以归类为一种新形式的直流微网，同时又具备一些独特的特点：①应用环境。海底观测网布放于海底，整个海底观测网对于操作人员来说是不透明的，因此当故障发生时，用于故障诊断的数据及信息相对较少，另外，海底的极端环境决定了海底观测网对水下设备的体积有严格的要求；②负载分布。海底观测网的水下负载分布较为分散，每两个负载之间的跨度为数十千米甚至上百千米，必须考虑用于传输电能的光电复合缆上的寄生参数；③网络架构。海底观测网的通信系统往往依赖于供电系统而建立，当供电系统失效时，通信系统也会同时失效。

海底观测网的故障主要是指海底观测网水下部分的故障，根据物理层划分，可以分为输电故障、负载故障和通信故障。负载故障可以通过监测水下节点的电压、电流以及环境信号等状态信息进行故障诊断，当负载发生故障时，水下节点控制器通过控制继电器对发生故障的负载进行故障隔离。输电故障即输电海缆的故障，依据不同分类标准，可分为不同形式，相较负载故障，输电海缆的故障比较难处理，目前大多数相关研究也主要是针对海缆故障开展的。

1.3.4.1 输电故障

海底观测网的输电故障主要表现为用于传输电能的海缆故障。根据故障的发生位置，海缆故障可分为主干缆海缆故障和支缆海缆故障，其中支缆的海缆故障诊断与定位可以配合水下分支器的控制以及绝缘电阻测试来完成。

高阻抗故障和低阻抗故障统称为接地故障，也是海缆故障的主要形式。接地故障发生的原因，一方面是由于海缆加工制造缺陷，在海缆带载工作过程中，逐渐衍变为绝缘失效；另一方面主要由施工过程、自然灾害、船舶抛锚、渔业拖网以及鱼类撕咬等外部因素造成。

当系统存在开路故障或者高阻抗故障时，水下节点处的电压变化不大，海底观测网仍然能够正常运行，但是带载能力会变弱。高阻抗故障不用立即处理，但是时间长了，可能会发展为低阻抗故障。低阻抗故障是一种极其严重的接地故障，可导致整个海底观测网运行崩溃：一方面，缆上的电流急剧增加，超过海缆所能承受的最大电流值，对海缆造成损伤；另一方面，水下节点处的电压值将跌落至水下节点可正常工作的阈值电压以下，水下节点不能正常工作。低阻抗故障必须立即处理，隔离发生故障的海缆。

1.3.4.2 负载故障

海底观测网负载故障发生的原因是多方面的，包括人员的误操作、设备及关键元器件的老化、设备的异常工作状态造成的设备寿命缩短等。任何一个负载出现故障都可能对整个系统的正常供电造成影响。负载的故障诊断主要结合负载的供电电压、供电电流以及接地电阻等电量信息的监测来实现，具体可以归纳为三种故障诊断模式，即通信判断、阈值判断和统计分析。

1.3.5 信息融合

1.3.5.1 数据存储

数据是关于自然、社会现象和科学试验的定量或定性的记录，是科学研究最重要的基础，而对数据有意义的内容的抽象和提取便构成了信息。获取海底观测数据是整个海底观测网建设的核心，如何有效地存储这些数据，并将其构建成有用的信息，这些都需要对海洋观测数据的特点进行分析、归纳以及建立相应的数据库。

数据库服务器是整个海底观测网岸基信息局域网的核心部分，是连接海底观测网网络数据与外界 Web 数据访问的纽带。一方面，服务器承担着与多个海域一起交互数据的任务，将接驳盒采集数据接收、解析，并存储到制定表里；另一方面，还为用户提供远程访问的接口，用户通过各类动态数据表可以及时地了解海底设备运行情况。

1.3.5.2 数据操作

在数据服务系统长时间运行过程中，用户可能需要对历史数据进行管理，包括条件查询，数据记录的修改、删除，数据表的迁移，数据库的分离附加，不同类型格式的导入、导出等数据库操作功能。为了避免非专业用户直接操作数据库时出现对数据库的误操作，也为了省去直接操作的烦琐过程，使数据维护简洁直观，需要开发数据管理模块，尽可能地将用户不关心的内部实现步骤封装起来，只对用户提供可视化操作的相关接口即可。

1.3.5.3 数据发布与交互

数据储存在数据库服务器之后需要有平台进行对外发布，在海底观测网中，接驳盒及其他传感网的正常工作是海底观测网正常运行的基本保证，为了更好地监控接驳盒和其他传感器的工作状况，实现海底数据的实时传输及历史数据的显示，并通过因特网实现远程访问，建立了海底观测网网站。海底观测网网站不仅是外界了解学习观测网知识的一个平台，而且也是外界远程用户实时获得海底观测数据的一个窗口。

参考文献

陈鹰，杨灿军，陶春辉，等. 2006. 海底观测系统［M］. 北京：海洋出版社.

陈燕虎，2012. 基于树型拓扑的缆系海底观测网供电接驳关键技术研究［D］. 杭州：浙江大学.

林东东，2011. 海底接驳盒运行监控与管理系统研究［D］. 杭州：浙江大学.

李风华，郭永刚，吴立新，2015. 海底观测网技术进展与发展趋势［J］. 海洋技术学报（3）：33-35.

卢汉良，2011. 海底观测网络水下接驳盒原型系统技术研究［D］. 杭州：浙江大学.

裴跃飞，2013. 海底观测网络远程电能故障诊断与处理研究［D］. 杭州：浙江大学.

上海海洋科技研究中心，海洋地质国家重点实验室，2011. 海底观测：科学与技术的结合［M］. 上海：
    同济大学出版社.

王晨，2015. 基于嵌入式 PC 的海底观测网多节点电能管理与远程监控系统研究［D］. 杭州：浙江大学.

汪港，2014. 基于 NTP 和 IEEE 1588 协议的海底观测网时间同步系统设计与研究［D］. 杭州：浙江
    大学.

汪品先，2005. 走向深海大洋：揭开地球的隐秘档案［J］. 科技潮（1）：24-27.

夏凡壹，2013. 海底观测网岸基数据局域网系统［D］. 杭州：浙江大学.

杨灿军，张锋，陈燕虎，等，2015. 海底观测网接驳盒技术［J］. 机械工程学报，51（10）：172-179.

姚家杰，2019. 基于电流数字化控制的海底观测网故障诊断与隔离技术研究［D］. 杭州：浙江大学.

张锋，2015. 多节点海底观测网络直流微网电能传输系统关键技术研究［D］. 杭州：浙江大学.

张志峰，2017. 海底观测网故障诊断与可靠性研究［D］. 杭州：浙江大学.

CHAVE A D，WATERWORTH G，MAFFEI，et al.，2004. Cabled ocean observatory systems［J］. Marine
    Technology Society Journal，38（2）：30-43.

FAVALI P，BERANZOLI L，2006. Seafloor observatory science：a review［J］. Annals of Geophysics（49）：
    515-567.

FAVALI P，BERANZOLI L，DE S A，2015. Sea floor observatories［M］. Berlin：Springer Berlin Heidelberg.

FUKUBA T，MIWA T，FURUSHIMA Y，et al.，2017. Cabled underwater observatory for long-term ecosystem
    monitoring at hydrothermal site［C］//IEEE. 2016 Techno-Ocean，Oct. 6-8. Kobe：IEEE：406-409.

HOWE B M，McGINNIS T，2004. Sensor networks for cabled ocean observatories［C］//IEEE. Proceedings of
    the 2004 International Symposium on Underwater Technology，April 20 - 23. Taipei，China：IEEE：
    113-120.

HOWE B M，CHAN T，El-SHARKAWI M，et al.，2006. Power system for the MARS ocean cabled observa-
    tory［C］//Proceeding Scientific Submarine Cable 2006 Conference，February 7-10. Dublin：121-126.

2 岸基系统

2.1 概述

岸基系统是海底观测网的监控和运行中心，为水下设备提供电能输送和建立高速数据信道，保证水下设备的正常供电和无故障运行，对水下接驳盒和各种设备的海底数据进行实时采集、归档及管理，包括设备运行状态、电压、电流、腔体温度和湿度等，实现水下设备的实时监控，并将采集到的数据进行显示，为科研人员提供远程数据服务。

岸基系统的结构框架如图2-1所示，包括岸基供电系统、岸基时间同步系统、岸基运行监控与保障系统和数据信息管理及服务平台。岸基供电系统通过光电复合缆为水下接驳盒设备提供电能供给，保证海底设备正常供电和无故障运行。岸基时间同步系统通过获取卫星的时钟信号，为水下接驳盒设备提供微秒级的时间同步信号，保证水下设备监测数据时间基准上的一致性。岸基运行监控与保障系统主要针对岸基运行设备及水下设备的运行状态进行监控，并针对运行情况进行人机交互管理和处置。

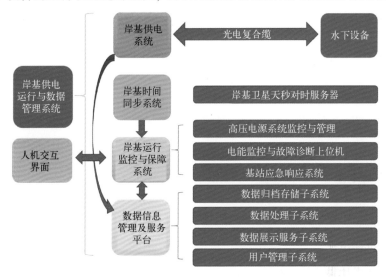

图2-1 岸基供电运行与数据管理系统结构图

2.2　岸基供电系统

2.2.1　岸基供电系统组成

海底观测网中，电能是其命脉。岸基供电系统把能源点的电能源源不断地输送到海底观测网中，为水下观测仪器供电，维持各观测仪器的正常运行。岸基供电系统的正常工作是维系海底观测网各个设备正常运行的必要保证。因此，为了提高系统运行的可靠性，必须对岸基供电系统进行有效设计，建立相应的冗余备份功能和故障诊断功能，对于可能发生的故障进行实时监控与处理，并且当故障发生后，判断故障点，以防止二次故障发生。

典型的岸基供电系统如图 2-2 所示，包括岸基电源、自动切换系统、不间断电源监控系统、可控开关、双备份电能变换系统、电源监控与管理上位机。岸基电源包括市电电源、大功率发电机以及备用不间断电源电池组。岸基电源为不间断电源监控系统供电，不间断电源监控系统连接主辅电能变换系统，通过对主辅电源柜的状态监测选择是/否故障进行冗余切换；电源监控与管理上位机则是针对整个供电系统的监控，保障电能供给的可靠性，实现对水下设备的不间断电能供给。

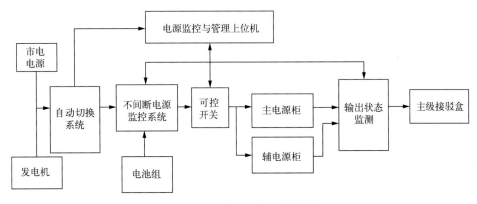

图 2-2　岸基供电系统拓扑结构图

系统正常工作时，自动切换系统实时检测市电供电状态，如市电供电电压低于设定阈值时，则自动切断 380 V 交流供电电源，启动发电机，由发电机进行供电，并将供电状态反馈回电源监控与管理上位机；当市电 380 V 交流供电电压恢复正常时，则切断发电机供电电源，由市电继续供电。不间断电源监控系统实时监测输入端供电电压，当其输入电压低于设定阈值时，则切断与自动切换系统的连接，由不间断电源监控系统内部电池组供电，并将状态反馈回电源监控与管理上位机，发出供电异常警报；

当其输入电压正常时，则恢复与自动切换系统的连接，并由供电电源对不间断电源监控系统内部电池组进行充电。可控开关接收电源监控与管理上位机的控制命令，当主工频电源正常运行时，可控开关控制供电电源与主工频电源接通，切断供电电源与备用工频电源的连接，当主工频电源的输出电压发生异常时，则切断供电电源对主工频电源的供电，并接通供电电源对备用工频电源的供电。主、备用工频电源将 380 V 交流电源转换为直流负高压输出；直流负高压检测系统实时检测工频电源输出状态，并通过串口通信同电源监控与管理上位机通信，如发生异常，则由电源监控与管理上位机远程操纵可控开关，切换主、备用工频电源。电源监控与管理上位机软件对整个岸基供电设备的运行状态及输出状况进行实时监测，并通过可控开关做出相应的故障处理动作。

海底观测网岸基供电系统具有冗余特性，维护费用低，可以进行远程操作，能够自动对故障点进行判别并做出相应的处理动作，实现对海底观测网平台进行持续、长时、有效的电能供给。岸基供电系统对水下设备采取直流负高压供电，可大大降低海底观测网铺设费用以及电能的沿途损耗，可以在更广阔的区域内铺设海底观测网，为长时、有效的海洋观测提供可靠的电力保证。

2.2.2　不间断电源

岸基供电系统中的自动切换系统，通过在市电和发电机之间的自动切换，保证岸基供电系统持续的电能供给。不间断电源系统，则通过集成电源监控系统和电池组，在实现市电与发电机切换过程中，保障主工频电源的电能供给稳定，不影响主工频电源的正常运行。

不间断电源即 UPS 电源（图 2-3），是一种含有储能装置（通常为电池组），以逆变器为主要元件、稳压稳频输出的电源保护设备，主要用于为电力电子设备提供不间断的电能供应。当市电输入正常时，UPS 将市电稳压后供应给负载使用，此时的 UPS 就是一台交流市电稳压器，同时它还向机内电池充电；当市电中断时，UPS 立即将机内电池的电能，通过逆变器转换为 380 V 交流电，以使负载维持正常工作，并保护负载软硬件不受损坏。

图 2-3　UPS 电源示意

2.2.3　接地阳极

海底观测网，尤其是大水深、长跨距的大型海底观测网，多采用以海水作为回路的单极、负高压直流输电架构（图 2-4）。单极直流输电是指输电线上的一端与大地电势相同，另一端为高电势的输电方式。采用该方式输电时，与大地电势相同的输电线可以直接以海水或者大地作为回路而不需要单独的回流导线，因此只需一根导线即可构成输电环路，大大地节约了成本。

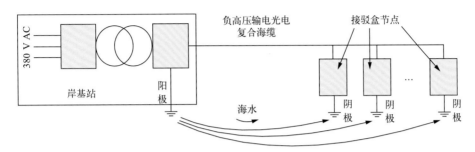

图 2-4　单极负高压输电方式

在采用单线输电、海水环路的方式时，需要在岸站供电端和水下节点接驳盒端分别安装电极，其中，若电极与供电电源的高电势端相连则为阳极，与低电势端相连则为阴极。阳极为损耗型材料，需要定期更换，而阴极为惰性材料，不需要更换。在深海环境下，电极更换成本较高，难度较大，把阳极安装在海岸上，阳极的尺寸和重量都不受限制，而且易于更换和维修。根据消耗阳极的阴极保护法，可以使安置在海底的阴极损耗降到最低，接地阴极系统的寿命主要取决于位于岸基的接地阳极的损耗速率。岸基站的接地阳极需要定期检修及更换。

接地阳极属于消耗材质，通常采用高硅铬铁材质，该材质具有消耗率低、允许电流密度大、接地电阻小、极化电位稳定、利用率高以及抗腐蚀能力强等特点，主要应用在高压直流换流站的馈电接地。接地阳极的埋设需要保证接地阳极与海水之间形成良好的导电接触，以降低海水回路的接地电阻。由于海底观测网岸基供电系统通常靠近海岸线，多呈现砂石底质，导电性差，为了降低接地阳极与海水间的导电阻抗，通常需要挖设专门的阳极坑，坑底深度足够深，直至地下水可见。埋设时，接地阳极棒直插入阳极坑底，为了增大导电面积，接地阳极棒首先通过石油焦炭掩埋，之后进行沙质土壤的填充。接地阳极埋设结构如图 2-5 所示。

接地阳极埋设方案步骤如下：①确保接地阳极外形完好，接地电缆与接地阳极密封处完好；②将接地阳极埋入坑中，固定于坑的底部，坑内用直流接地阳极专用石油焦炭进行填充，填充高度大于 1.2 m，后用沙土回填；③将接地阳极所连接的接地电缆通过接线盒(要求防水)与接地电缆连接；④接地阳极埋设完成之后，将接地电缆与建筑地连接，形成回路，利用接地电阻测试仪测试接地电阻；⑤利用水泵对接地阳极埋设地进行灌水，测量接地电阻阻值变化，湿态情况下，接地电阻的阻值小于 10 Ω，埋设合格。

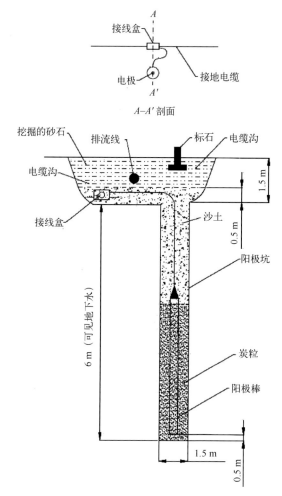

图 2-5 接地阳极埋设结构示意图

2.3 岸基运行监控与保障系统

岸基运行监控与保障系统是海底观测网的运行监控中心，连接海底观测网岸基供电系统、水下接驳盒系统的监测设备，实现网络监测数据的汇聚，并流转至数据信息管理及服务平台进行数据的存储。岸基运行监控与保障系统面向岸基操作人员的直接交互窗口，数据信息管理及服务平台对汇聚来的监测数据进行预处理后，通过人机交互界面实时显示给岸基操作人员，操作人员可据此对海底观测设备进行实时监测与控制。岸基运行监控与保障系统主要功能模块如下。

（1）人机交互功能。友好的人机交互界面，操作简便、高效，实现一个人机交互界面，对整个海底观测网进行监测和控制(图 2-6)。

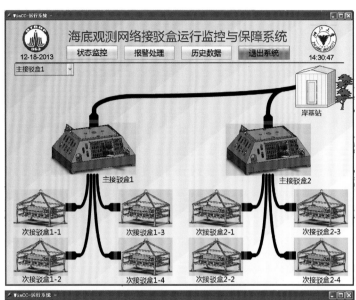

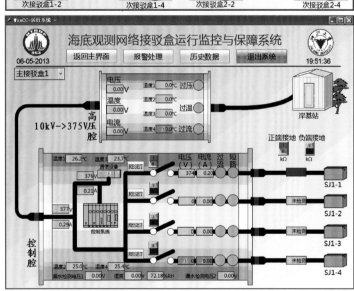

图 2-6　海底观测网岸基运行监控与保障系统人机交互界面

　　(2)数据汇聚与流转功能。建立岸基服务器，通过 TCP/IP 协议或串口通信协议，与岸基供电系统和水下接驳盒电能监控、故障诊断系统下位机、数据信息管理及服务平台建立通信连接，监测线路设备的电压、电流、温度、湿度以及故障状态等数据，经过解析后重新打包发给数据信息管理及服务平台。

　　(3)数据实时展示与历史趋势查询功能。所有监测数据入数据信息管理及服务平台的数据库预处理并保存后，通过人机交互界面实时显示，并可以方便地导出数据或打印报表。由于海底观测网环境状态复杂，故障日志记录对系统意义重大，而且为了分析接驳盒长期运行状态走势，历史数据的查询也是必不可少的。

（4）人工控制功能。科研人员对海底观测网的操作控制主要包括接驳盒的负载电能接驳控制、一般性故障安全阈值的设定和更改、接地电阻监测的开启与关闭、故障响应与消除。

（5）故障报警、存档与处理功能。海底观测网水下接驳盒长期位于海底，而岸基运行监控与保障系统是接驳盒面对科研人员的唯一窗口。岸基站的科考任务也决定了不可能有工作人员24小时都面对监控屏幕。因此，当故障或错误发生时，无论是需要人工干预的故障，还是下位机自动处理的故障，都要在人机交互界面上显式地展示出报警信息，附带时间戳和故障等级，并通过短信、邮件等方式发送给科研人员。

（6）扩展性和兼容性功能。当海底观测网进行扩容，节点大幅度增加时，在满足一定的通信标准的基础上，岸基运行监控与保障系统可以方便地将新增的节点纳入管理界面中，并兼容不同选型的控制器通信协议，实现集中式管理。

（7）分配用户访问权限，发布基于因特网的Web页进行分布式监控。对于上位机系统，由于系统内节点多，级联负载设备多，导致操作人员复杂，必要的用户权限设计可以减少海底观测网运行期间的误操作，避免给系统带来较大的损失。基于权限控制，网络用户也可以通过浏览器访问人机交互界面，实现"随时随地"均可监控系统界面的功能。

（8）数据上报发送功能。与海底观测网中其他科学仪器一样，接驳盒内数据采集与监视控制系统（supervisory control and data acquisition，SCADA）采集到的数据也要上报发送，并汇总到远端服务器机房中。

2.4　数据信息管理及服务平台

数据信息管理及服务平台是远程用户与海底设备之间的纽带。一方面，数据信息管理及服务平台通过岸基运行监控与保障系统，与海底设备建立通信，对水下接驳盒和各种设备的运行状态，包括各路电压电流、腔体温度和湿度等数据，进行实时获取和存储；另一方面实现对实时采集到的数据进行管理、归档和显示，为远程用户提供数据服务。服务类型包括静态信息、实时动态信息、历史动态信息及应用平台等。

数据信息管理及服务平台可以分为数据存储、数据操作和数据发布与交互三个模块，三者之间的关系如图2-7所示。

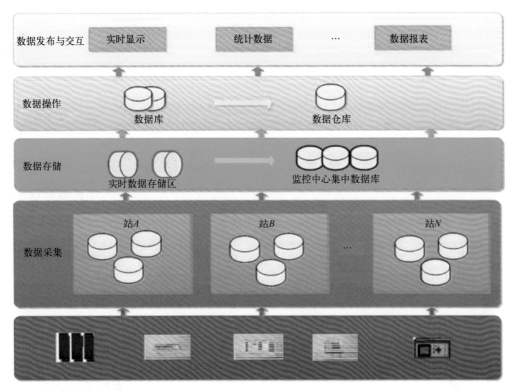

图 2-7　数据信息管理及服务平台结构示意图

2.4.1　数据存储

海洋数据信息与陆地信息差异较大，在设计海底观测网数据信息管理及服务平台中要考虑以下特点。

(1)直接获取难度大。我国拥有辽阔的主张管辖海域面积和丰富的海洋资源，但由于海况环境复杂，海底数据采集难度较大。例如，"深海组网接驳设备研制"项目在东海和南海布置若干节点，放置海底传感器，实现对海洋数据的采集和传输，为海洋研究提供可靠数据。

(2)信息多样性。海底观测网数据信息管理及服务平台涉及的数据包括海底设备的位置信息、基础地图数据、海底设备运行情况数据、环境检测数据、元数据以及系统和用户信息等。

(3)设备可靠性要求高。海底设备和传感器等都投放在深海，并且长期在深海环境中运行，如果出现故障，需要打捞维护的成本很高，因此，对海底设备、岸基站与海底数据传输以及岸基站数据获取和管理可靠性要求较高。

(4)时间跨度大。海底数据在采集分析过程中，需要长时间的积累观测，以便对海洋的情况进行准确评估。因此，海底观测网在实际运行过程中，需要长时间工作，以获取足够的数据量。这个过程会产生大量的数据，要求数据信息管理及服务平台能够在大尺度时间范围内对大量的海底数据信息进行管理。

（5）变化尺度大，精度要求高。海底设备停止与工作的转换过程，对其电压电流的影响变化是较大的，因为环境的变化，传感器数据采集的变化也很大。但为了辨识海底设备不同阶段的状态情况，数据需要实现较高的精度。在布放过程中，坐标是按照全球定位的，但不同设备之间的距离可能会相距数百米到数千米，这些都需要在位置数据坐标中得到体现。

（6）海底信息复杂性及动态性。海洋现象不但在空间上是动态的，而且在时间上也是动态的，更多的是时空互动。海底观测网采集的单纯的数据是没有意义的，必须要与特定的时间和空间联系，与采集的数据源、目标定义和转化规则联系，这种描述数据的数据叫元数据。元数据与数据的有序结合是表述海底信息复杂性和动态性的根本，体现了数据的属性、时间和空间的交杂动态情况，体现了海底的多维特性。

数据库服务器是整个海底观测网数据信息管理及服务平台的核心部分，是连接海底观测网网络数据与外界 Web 数据访问的纽带。一方面，服务器承担着与多个海域交互数据的任务，将接驳盒采集数据接收、解析，并存储到制定表里；另一方面，还为用户提供了远程访问的接口，用户通过各类动态数据表可以及时了解海底设备运行情况。

从需求角度分析，数据库服务器需要完成数据存储、数据通信、数据解析入库和数据维护的功能。从具体设计来说，数据库服务器由数据处理中心软件和数据库组成。数据库作为数据存储的载体，目前各种商业数据库软件非常成熟，可根据需要选择。数据处理中心则在数据库的基础上，对数据库进行相关操作。数据处理中心大致分为三大模块：与岸基运行监控与保障系统联系的通信模块、数据采集解析和存储模块、数据管理和本机查询模块。具体需要实现以下功能。

（1）通信接收数据。建立服务器，同岸基运行监控与保障系统相连，接收从客户端发送的数据包。

（2）数据解析和校验反馈。对数据包进行校验，错误的数据包丢弃，并反馈接收信息。如果是接收错误，客户端重发一次。对正确的数据包按公式计算后，将数据存入数据库。

（3）数据存储。连接数据库，将处理好的数据存储到数据库中。

（4）数据库管理。由于长期监测，数据量庞大，为保持运行稳定还需要对数据库进行管理，包括数据表的调优，数据库的重组，数据库的重构，数据库定期分离移除，数据库的安全管控，报错问题的分析、汇总和处理以及数据库数据的日常备份。

（5）数据导出功能。为了兼容历史数据，使数据有更好的跨平台应用性，需要实现与 Excel、文本文档或者二进制数据格式的兼容。数据库中的数据可以按时间段、数据来源或数据种类来选择。

（6）数据显示功能。包括对动态数据记录集的显示，对历史数据按照时间或者数据来源分类，进行曲线绘制展示，还能对现有设备安装情况及设备属性（位置属性、检测量属性等）进行显示。

（7）数据源动态添加。在接入新的数据源（接驳盒）时需要在不修改代码的情况下实现数据源的动态添加。

2.4.2 数据操作

在数据服务系统长时间运行过程中，用户可能需要对历史数据进行管理，包括条件查询，数据记录的修改、删除，数据表的迁移，数据库的分离、附加，不同类型格式数据的导入、导出等数据库操作功能。为了避免非专业用户直接操作数据库时可能出现对数据库的误操作，也为了省去直接操作的烦琐过程，使数据维护简洁直观，需要开发数据管理模块，尽可能地将用户不关心的内部实现步骤封装起来，只对用户提供可视化操作的相关接口即可。

数据管理维护模块从功能上看主要有三大模块，即历史数据条件查询、数据库管理维护和数据拓展使用（图 2-8）。历史数据条件查询可以利用日期条件、观测项目和节点等条件进行查询。数据库管理维护可以从数据集维护、数据表维护和数据库管理三个层面进行，数据集维护包括数据记录的添加、修改和删除，数据表维护包括数据表的迁移（条件迁移和完全迁移）和删除，数据库管理包括数据库的新建、附加、分离和删除。数据拓展使用主要是实现不同格式数据的导入、导出，满足在不同场合和平台的使用。

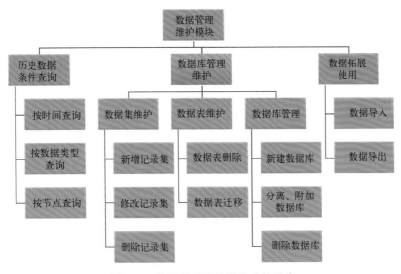

图 2-8　数据管理维护模块功能示意

在对数据库维护时，需要实现不影响系统其他模块运行的情况下对库中的数据进行维护，考虑到库中数据可能同时被其他子系统使用，在使用结构化查询语言实现该模块时必须考虑数据的安全性以及数据库对并发操作的要求。因此，涉及数据操作的模块需要运用事务机制来保证操作的完整性，运用封锁机制来保证数据的一致性。为防止同步操作中产生的数据的不一致，将对数据的操作，如修改、删除等每组操作当成一个事务来处理，事务处理可以确保除非事务性单元内的所有操作都成功完成，否则不会永久更新面向数据的资源。通过将一组相关操作组合为一个要么全部成功要么全部失败的单元，整个过程只要有一步失败，事务将回滚到该操作的最初状态，且该组操作中已经完成的所有步骤都无效。事务机制可以简化错误恢复并使应用程序更加可靠。

（1）历史数据条件查询。由于数据库中的数据表既有表达系统实体关系的静态表，又有记录数据属性的公共属性表，还有随着观测变化的动态观测表，因此对数据表的查看也是分类别进行的。历史数据条件查询模块，是针对观测数据动态表的查询。用户可以选择三种模式进行查询，按时间查询是具体某天某一时间段根据时间列出某一数据源所有数据表单和曲线图(所有电压、电流、温度数据)，按数据类型查询是列出某时段所有数据源的一个数据类型数据(如所有电源腔的输入电压)，按节点查询是列出某时间段内某一节点中所有数据表单和曲线图。

（2）数据集维护。数据记录集是数据表的基本单元，每一条是一个基本单位。在海底观测网中，数据记录集除了对观测数据进行查看修改以外，还能对海底观测网存放节点、接驳盒、数据源信息的实体表以及存放的观测项目数据类型等表单进行查看和修改，以适应外界可能出现的系统调整。

（3）数据表维护分为数据表迁移和数据表删除两个部分。数据库中存储的表有表示实体关系的系统表、静态实体表、公共属性表、用户表、观测日志表等。考虑到在运行过程中实现每日增加的观测日志表，也为了避免用户因为误操作删除了系统表和静态实体表等造成系统错误，限制系统中只能对观测日志表进行迁移和删除。

数据表迁移，用户根据需求选择迁移条件，对满足需要的数据表从原数据库迁移到目标数据库。迁移条件可以是分数据源按日期迁移，即对用户选择日期之前的该类型数据表进行迁移；也可以是全部迁移，即对满足日期条件的所有观测日志表进行迁移。

与数据表迁移类似，数据表删除操作具体流程是：读取用户选择删除的模式，如果直接选择删除数据表，判断该表存在后，将数据表名赋值给 SQL 语句，连接数据库直接执行 SQL 删除语句，最后修改元数据表；如果选择删除时间，则连接数据库，判断用户参数设置是否有误，有误则关闭连接，无误则将时间转化成标准日期类型，通过生成的 SQL 语句查询元数据表，提取符合要求的表名，进行删除，删除该表之后，继续遍历元数据表其他记录，直到元数据表尾，再判断过程中的事件是否正常执行，如果是则提交事件，如果任何一步出现异常，则回滚事务，所有操作失败。

（4）数据库管理。为了更好地管理数据库运行情况，简化对数据库直接操作时使用的复杂 SQL 语句，系统还提供数据库层面的管理操作，通过可视化界面，方便用户进行数据管理，实现数据的新建、附加、分离和删除工作。

（5）数据拓展使用。为了更方便地实现观测数据在不同场合，以不同格式使用，开发数据拓展使用模块，方便数据的导入和导出功能。

2.4.3　数据发布与交互

数据储存在数据库服务器之后需要有平台进行对外发布。在海底观测网中，接驳盒及其他传感系统的正常工作是海底观测网正常运行的基本保证。为了更好地监控接驳盒和其他传感器的工作状况，实现海底数据的实时传输及历史数据的显示，并通过因特网实现远程访问，建立海底观测网网站作为外界了解学习观测网知识的一个平台，也是外界远程用户实时获得海底观测数据的一个窗口。

国内外目前已有的海底观测网网站包括加拿大的 NEPTUNE 和维多利亚海底实验网络（victoria experimental network under the sea，VENUS，又称金星海底观测网）、美国蒙特雷湾海洋研究所的蒙特雷加速研究系统（Monterey accelerated research system，MARS，又称火星观测网），以及我国的中天海洋系统有限公司的海洋观测分布式云端大数据平台（图 2-9）。

图 2-9　海洋观测分布式云端大数据平台

参考文献

林东东, 2011. 海底接驳盒运行监控与管理系统研究[D]. 杭州：浙江大学.

夏凡壹, 2013. 海底观测网岸基数据局域网系统[D]. 杭州：浙江大学.

FAVALI P, BERANZOLI L, 2006. Seafloor observatory science：a review[J]. Annals of Geophysics, 49(2-3)：515-567.

GOMES K J, GRAYBEAL J, O'REILLY T C, 2006. Issues in data management in observing systems and lessons learned[C]//IEEE. OCEANS 2006, September 18-21. Boston：IEEE：1-6.

GRAYBEAL J, GOMES K, MCCANN M, et al., 2003. MBARI's SSDS：operational, extensible data management for ocean observatories[C]//IEEE. Proceedings of 2003 International Conference Physics and Control, June 25-27. Tokyo：IEEE：288-292.

MCCANN M, GOMES K, 2008. Oceanographic data provenance tracking with the shore side data system [C]// Second International Provenance and Annotation Workshop(IPAW) 2008：Provenance and Annotation of Data and Processes, June 17-18. Salt Lake City：309-322.

OWENS D, BEST M, GUILLEMOT E, et al., 2010. Ocean observatories and social computing：potential and progress[C]//IEEE. OCEANS 2010 MTS/IEEE, September 20-33. Seattle, WA：IEEE：1-9.

PIRENNE B, GUILLEMOT E, 2009. The data management system for the VENUS and NEPTUNE cabled observatories[C]//IEEE. OCEANS 2009-EUROPE, May 11-14. Bremen：IEEE：1-4.

TUNNICLIFFE V, BARNES C R, DEWEY R, 2008. Major advances in cabled ocean observatories (VENUS and NEPTUNE Canada) in coastal and deep sea settings[C]//2008 IEEE/OES US/EU-Baltic International Symposium, May 27-29. Tallinn：IEEE：1-7.

3 组网海缆及附件

3.1 概述

海底观测网组网海缆一般是指海底光电复合缆及其配件，光电复合缆作为组网海缆的主要组成部分，承担了通信和供电功能，是保障海底观测网大功率能量供给和高带宽通信传输的核心。海缆配件主要是指各类海工附件，用于海缆施工、运行和维修等过程，从材料选择到结构设计，专为海缆配套设计，符合海缆工程标准要求。

3.2 海缆结构

3.2.1 海底光电复合缆组成

海底光电复合缆主要由光单元、内铠装层、电导体、绝缘层或内护层和可能有的金属带保护层、外护层或外铠装层、外被层等部分组成，海底光电复合缆的工作寿命一般达20年。

3.2.1.1 光单元

光单元用于容纳光纤，并且能保护光纤免受环境变化、外力、长期与短期的热效应、潮气等原因引起的损坏。光单元包含光纤、不锈钢管及合适的填充材料。光单元置于海底光缆中心位置。

1）光纤

光纤符合《通信用单模光纤》（GB/T 9771—2020）的规定。

为满足海底光缆预期使用寿命，光纤筛选应变不小于2.0%。光纤一般采用全色谱识别，其标志颜色符合《电线电缆识别标志方法 第2部分：标准颜色》（GB/T 6995.2—2008）的规定，并且不褪色、不迁移，光纤全色谱见表3-1。

表 3-1 光纤全色谱

序号	1	2	3	4	5	6	7	8	9	10	11	12
颜色	蓝色	橙色	绿色	棕色	灰色	白色	红色	黑色	黄色	紫色	粉红色	青绿色

当光纤数大于 12 芯时，一般采用光纤色环或其他色标方法加以区分。当采用光纤色环时，采用黑色油墨按照一定的间隔连续喷印于裸光纤上。常用色环宜为 S60 单色环、D80 双色环、S90 单色环，色环如图 3-1 所示。

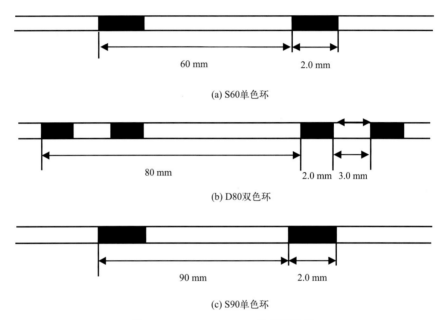

(a) S60单色环

(b) D80双色环

(c) S90单色环

图 3-1 S60、D80、S90 色环示意图

2）不锈钢管及填充材料

光纤放置在不锈钢管中，光纤在不锈钢管中有余长且均匀稳定。不锈钢管外径和厚度的标称尺寸设计随光纤数改变。制作不锈钢管的不锈钢带符合《不锈钢冷轧钢板和钢带》(GB/T 3280—2015)的规定。不锈钢管内连续填充触变型膏状复合物，触变型膏状复合物应符合《通信电缆光缆用填充和涂覆复合物 第 3 部分：缆膏》(YD/T 839.3—2014)的规定。

3.2.1.2 内铠装层

光单元外可绞合一层或多层内铠装层，内铠装层间隙填充合适的阻水材料，并满足纵向渗水要求。内铠装层采用碳素钢丝，其性能应符合《光缆增强用碳素钢丝》(GB/T 24202—2021)的规定。阻水材料与其接触的材料相容且易于去除，其性能应符合《通信电缆光缆用填充和涂覆复合物 第 3 部分：缆膏》(YD/T 839.3—2014)或其他适用标准的规定。

3.2.1.3　电导体

电导体包覆在内铠装层外，电导体连续，制作电导体的铜带应符合《电缆用铜带》（GB/T 11091—2014）的规定。

3.2.1.4　绝缘层

海底光电复合缆电导体外一般挤包一层绝缘层，绝缘层应连续、厚度均匀且无影响绝缘性能的缺陷。绝缘层采用聚乙烯绝缘材料，其性能应符合《电线电缆用黑色聚乙烯塑料》（GB/T 15065—2009）的规定，如额定电压 10 kV 的有中继海底绝缘层厚度的标称值一般不小于 4.0 mm，最小值一般不小于 3.5 mm；额定电压 15 kV 的有中继海底光缆绝缘层厚度的标称值一般不小于 5.0 mm，最小值一般不小于 4.4 mm。

3.2.1.5　内护层

海底光电复合缆内铠装层或电导体外应挤包一层内护层，内护层应连续、厚度均匀且无影响护套完整性的缺陷。内护层宜采用聚乙烯护套料，其性能应符合《电线电缆用黑色聚乙烯塑料》（GB/T 15065—2009）的规定。

3.2.1.6　金属带保护层

轻型保护型光电复合缆在绝缘层外包覆一层金属带作为保护层。金属带保护层宜采用钢塑复合带，其性能应符合《通信电缆光缆用金属塑料复合带　第 3 部分：塑料复合带》（YD/T 723.3—2007）的规定。

3.2.1.7　外护层

轻型保护型光电复合缆在金属带保护层外挤制一层塑料外护层，外护层连续挤制。外护层采用聚乙烯护套料，其性能应符合《电线电缆用黑色聚乙烯塑料》（GB/T 15065—2009）的规定。

3.2.1.8　外铠装层

绝缘层外绞合一层或多层外铠装层，铠装层间应填充防腐沥青或等效材料。铠装钢丝直径与根数应满足海底光缆的断裂拉伸负荷要求。外铠装层采用耐腐蚀的镀锌钢丝、锌铝合金镀层钢丝或等效材料，其性能应符合《海缆铠装用镀锌或锌合金钢丝》（GB/T 32795—2016）的规定。

3.2.1.9　外被层

外铠装层外绕包外被层，需要时可在外被层外绕包合适的包带，外被层应连续。外被层采用具有防紫外线性能的聚丙烯绳或其他等效材料。

3.2.2 海底光电复合缆常见类型

海底光电复合缆按保护类型分为轻型海底光电复合缆、轻型保护型海底光电复合缆、单层铠装海底光电复合缆、双层铠装海底光电复合缆和重型铠装海底光电复合缆。

3.2.2.1 轻型海底光电复合缆

轻型海底光电复合缆是指绝缘层外无外部铠装保护的海底光电复合缆，如图 3-2 所示。

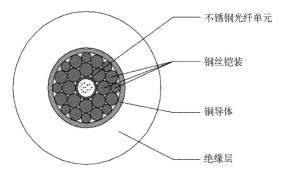

图 3-2　轻型海底光电复合缆

3.2.2.2 轻型保护型海底光电复合缆

轻型保护型海底光电复合缆是指绝缘层外采用金属带铠装保护的海底光电复合缆，如图 3-3 所示。

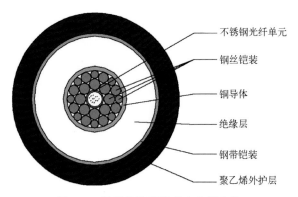

图 3-3　轻型保护型海底光电复合缆

3.2.2.3 单层铠装海底光电复合缆

单层铠装海底光电复合缆是指绝缘层外采用单层钢丝铠装保护的海底光电复合缆，如图 3-4 所示。

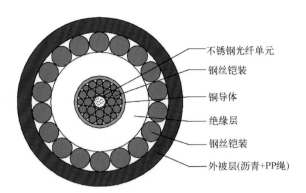

图 3-4 单层铠装海底光电复合缆

3.2.2.4 双层铠装海底光电复合缆

双层铠装海底光电复合缆是指绝缘层外采用双层钢丝铠装保护的海底光电复合缆，如图 3-5 所示。

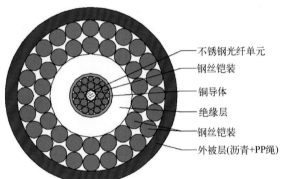

图 3-5 双层铠装海底光电复合缆

3.2.2.5 重型铠装海底光电复合缆

重型铠装海底光电复合缆是指绝缘层外至少采用双层粗钢丝铠装保护的海底光缆，如图 3-6 所示。

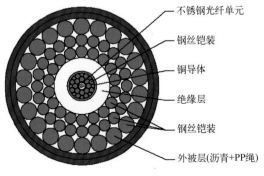

图 3-6 重型铠装海底光电复合缆

3.3 海缆生产与测试

3.3.1 生产

海底光电复合缆的生产是一个连续不间断过程，由于缆芯含有光纤，一旦生产中间过程产生故障，会使整段缆报废，造成巨大的经济损失，因此海底光电复合缆的生产过程严格受控，每一个工序环节都有严格的质量控制措施，生产完成后的成品，在入库前还要经过成品检验流程，合格后方可入库。如果是首次生产的产品，则需要经过型式检验，检验合格才能批量生产。海底光电复合缆生产流程如图 3-7 所示。

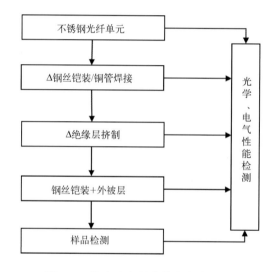

图 3-7　海底光电复合缆生产流程图

3.3.2 测试

海底光电复合缆在出厂前需要经过严格的产品检验，产品检验分为出厂检验和型式检验，出厂检验和型式检验项目见表 3-2。

表 3-2　海底光电复合缆出厂前检验项目

序号	检验项目	出厂检验	型式检验
1	外观和结构尺寸	√	√
2	制造长度	√	√
3	单位长度质量	—	√

序号		检验项目	出厂检验	型式检验
4	光学性能	衰减系数	√	√
5		衰减点不连续性	√	√
6		色散系数	√	√
7		偏振模色散系数	—	√
8	电气性能	导体直流电阻	√	√
9		绝缘电阻	√	√
10		直流电压试验	√	√
11		电寿命试验	—	√
12	机械性能	标称永久拉伸强度	—	√
13		标称工作拉伸强度	—	√
14		标称短暂拉伸强度	—	√
15		断裂拉伸负荷	—	√
16		反复弯曲	—	√
17		压扁	—	√
18		冲击	—	√
19		过滑轮试验	—	√
20		机械疲劳试验	—	√
21		黏结力	—	√
22	环境性能	温度循环	—	√
23		纵向渗水	—	√
24		抗静水压	—	√
25		耐高水压、耐高电压试验	—	√

3.3.2.1 外观和结构尺寸

海底光缆的外观和结构尺寸检查采用目视法，外观检查只限于试样端部和外露部分。结构尺寸按《电缆和光缆绝缘和护套材料通用试验方法 第 11 部分：通用试验方法——厚度和外形尺寸测量——机械性能试验》（GB/T 2951.11—2008）的规定进行检验。

3.3.2.2 制造长度

制造长度检测采用海底光缆两端的计米标记的数值差进行检验，也可用光时域反射计（OTDR）进行测量。

3.3.2.3 单位长度质量

自成品端部取样，试样端面应与轴线相垂直，用量具测量其长度，然后在合适的衡器上称重，并计算单位长度质量。

3.3.2.4 光学性能

（1）衰减系数按《光纤试验方法规范 第40部分：传输特性的测量方法和试验程序——衰减》（GB/T 15972.40—2021）规定的后向散射法测量。

（2）衰减点不连续性按《光纤试验方法规范 第40部分：传输特性的测量方法和试验程序——衰减》（GB/T 15972.40—2021）规定的方法测量。

（3）色散系数按《光纤试验方法规范 第42部分：传输特性的测量方法和试验程序——波长色散》（GB/T 15972.42—2021）规定的方法测量。

（4）偏振模色散系数按《光纤试验方法规范 第48部分：传输特性的测量方法和试验程序——偏振模色散》（GB/T 15972.48—2021）规定的方法测量。

3.3.2.5 电气性能

（1）导体直流电阻按《电线电缆电性能试验方法 第4部分：导体直流电阻试验》（GB/T 3048.4—2007）规定的试验方法进行。在批量生产中，允许用其他等效方法及合适的仪表进行测量。

（2）绝缘电阻按《电线电缆电性能试验方法 第5部分：绝缘电阻试验》（GB/T 3048.5—2007）规定的试验方法进行。在批量生产中，允许用其他等效方法及合适的仪表进行测量。

（3）直流电压试验按《电线电缆电性能试验方法 第14部分：直流电压试验》（GB/T 3048.14—2007）规定的试验方法进行。在批量生产中，允许用其他等效方法及合适的仪表进行测量。

（4）电寿命试验按《电线电缆电性能试验方法 第14部分：直流电压试验》（GB/T 3048.14—2007）规定的试验方法进行。

3.3.2.6 机械性能

（1）总则按《光纤试验方法规范 第46部分：传输特性的测量方法和试验程序——透光率变化》（GB/T 15972.46—2021）的规定，采用传输功率监测法测量光纤附加衰减，试验中光纤衰减变化量的绝对值不超过0.03 dB时，可判为无明显附加衰减；按《光纤试验方法规范 第22部分：尺寸参数的测量方法和试验程序——光纤几何参数》（GB/T 15972.22—2021）的规定，采用相移法或微分相移法检测光纤应变，试验中监测到的光纤应变不大于0.01%，可判为无明显应变。

（2）标称永久拉伸强度按以下程序进行：①按图3-8所示进行试验装置安装；②试样长度应不小于30 m；③连续增加至规定值，保持时间为30 min；④验收要求为光纤无明显附加衰减及应变，电导体（若含有）应连续且试样应通过直流电压试验。

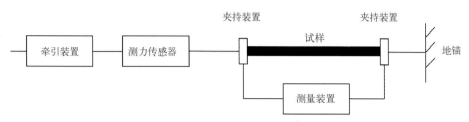

图 3-8 拉伸强度测试试验装置原理

(3)标称工作拉伸强度按以下程序进行：①按图 3-8 所示进行试验装置安装；②试样长度应不小于 30 m；③连续增加至规定值，保持时间为 30 min；④验收要求为光纤附加衰减应不大于 0.05 dB 且应变不大于 0.4%，电导体应连续且试样应通过直流电压试验。

(4)标称短暂拉伸强度按以下程序进行：①按图 3-8 所示进行试验装置安装；②试样长度应不小于 30 m；③连续增加至规定值，保持时间为 60 min；④验收要求为光纤附加衰减应不大于 0.10 dB 且应变不大于 0.66%，电导体应连续且试样应通过直流电压试验。

(5)断裂拉伸负荷按以下程序进行：①按图 3-8 所示进行试验装置安装；②试样长度应不小于 5 m；③验收要求为断裂拉伸负荷实测值应不小于规定值。

(6)反复弯曲按以下程序进行：①按《光缆总规范 第 2 部分：光缆基本试验方法》(GB/T 7424.2—2008)中的方法 E6：反复弯曲的规定进行；②最小弯曲半径和施加强度应符合产品详细标准的规定；③试样长度应不小于 5 m；④弯曲速率应不小于 3 次/min；⑤验收要求为光纤附加衰减应不大于 0.10 dB，电导体(若含有)应连续且试样应通过直流电压试验。

(7)压扁按以下程序进行：①按《光缆总规范 第 2 部分：光缆基本试验方法》(GB/T 7424.2-2008)中的方法 E3：压扁的规定进行；②施加强度参见标准；③试样长度应不小于 5 m；④在试样长度上取 3 个点，加载速率应不小于 2 kN/min，每个点保持时间为 1 h；⑤验收要求为光纤附加衰减应不大于 0.10 dB，电导体(若含有)应连续且试样应通过直流电压试验。

(8)冲击按以下程序进行：①按《光缆总规范 第 2 部分：光缆基本试验方法》(GB/T 7424.2—2008)中的方法 E4：冲击的规定进行；②试样长度应不小于 5 m；③冲击块球面曲率半径应不小于 100 mm；④在试样长度上冲击 3 个点，每个点冲击一次，每个冲击点之间的距离应不小于 1 m；⑤验收要求为光纤附加衰减应不大于 0.10 dB，电导体(若含有)应连续且试样应通过直流电压试验。

(9)过滑轮试验按以下程序进行：①按《光缆总规范 第 2 部分：光缆基本试验方

法》(GB/T 7424.2—2008)中的方法 E18：张力下弯曲(过滑轮试验)程序 1 的规定进行；②试样长度应不小于 30 m；③滑轮直径为 3 m；④在工作拉伸强度下循环 30 次，在短暂拉伸强度下循环 3 次；⑤验收要求为光纤附加衰减应不大于 0.10 dB 且电导体(若含有)应连续。

（10）机械疲劳试验按以下程序进行：①按图 3-8 所示进行试验装置安装；②试样长度应不小于 30 m；③最小值为短暂拉伸强度的 30%，最大值为短暂拉伸强度的 50%；④每分钟循环 7~9 次，循环时间为 16 h；⑤验收要求为光纤附加衰减应不大于 0.10 dB 且电导体(若含有)应连续。

（11）黏结力按以下程序进行：①按图 3-9 所示进行试验装置安装；②将试样置于拉力试验机上，两端选取合适的夹具固定，确保电导体与绝缘层或绝缘层与金属保护层之间承受拉力；③拉伸速率应不大于 50 mm/min，直至电导体与绝缘层或绝缘层与金属保护层之间发生滑移。

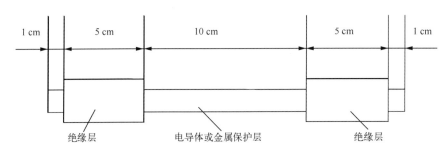

图 3-9　黏结力测试试验装置原理

3.3.2.7　环境性能

（1）温度循环按以下程序进行：①按《光缆总规范　第 2 部分：光缆基本试验方法》(GB/T 7424.2—2008)中的方法 F1：温度循环的规定进行；②试样为光单元，试样长度为 1 000 m；③最低温度为-20℃±2℃，最高温度为 50℃，保温时间为 12 h；④循环 10 次；⑤衰减监测按《光纤试验方法规范　第 46 部分：传输特性的测量方法和试验程序——透光率变化》(GB/T 15972.46—2008)规定的方法 B：后向散射监测法的规定进行，在试验期间，监测仪表的重复性引起的监测结果的不确定度应优于 0.02 dB/km。试验中光纤衰减变化量的绝对值不超过 0.02 dB/km 时，可判为衰减无明显变化。

（2）纵向渗水按以下程序进行：①按图 3-10 所示进行试验装置安装；②将试样一端(不小于 1 m)进行处理后充分暴露于水中，然后置于压力容器中；③压力容器的端接装置与试样之间应采取有效的密封措施，使水压直接施加在试样暴露的横截面上；④试样另一端经过采取有效密封措施引出压力容器端口，使其与大气相通，然后使压力容器中充满水，按标准所规定的水压或相关详细规范的规定施加水压；⑤维持水压时间336 h，试验后，取出试样并沿试样长度检查内部的水痕迹；⑥如果先前已将荧光染料加入压力容器中，则可简化这种检查，因为通过紫外光(UV)可以简单地显示该染料。

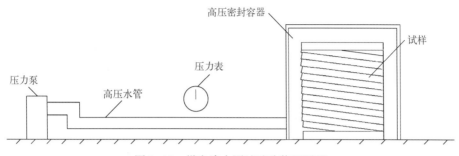

图3-10 纵向渗水测试试验装置原理

(3)抗静水压按以下程序进行：①按图3-11所示进行试验装置安装；②将长度不小于5 m的试样两端进行密封处理，然后置于压力容器中，受试长度不小于3 m；③压力容器的端接装置应采取有效的密封措施；④压力容器端口安装完毕后向压力容器中注水，按相关详细规范的规定施加水压；⑤维持水压时间24 h，并监测光纤是否断开；⑥试验后取出试样，分别剥去端部各层，间距不小于50 mm并充分暴露，检查各层有无水迹；⑦使用直流高压发生器进行直流电压测试，按规定施加电压和保持测试时间。

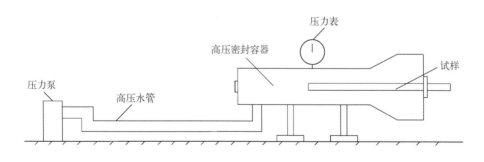

图3-11 抗静水压测试试验装置原理

(4)耐高水压、耐高电压按以下程序进行：①按图3-12所示进行试验装置安装；②将长度不小于500 m的试样置于压力容器中，两端采取有效密封措施引出压力容器端口，使其与大气相通；③压力容器端口安装完毕后向压力容器中注水，按相关详细规范的规定施加水压；④在试样两端按相关详细规范的规定施加电压；⑤在规定水压及电压下持续运行24 h。

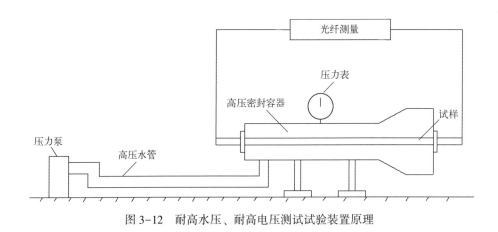

图 3-12 耐高水压、耐高电压测试试验装置原理

3.4 海工附件

海工附件是为了保证海缆可靠施工、运行和维修的必要配件。根据不同的应用功能，海工附件主要分为弯曲保护类、防磨保护类、平台安装类、海缆接续类和施工消耗类。

3.4.1 弯曲保护类附件

3.4.1.1 弯曲限制器

弯曲限制器应用在海缆施工、运行过程中，对存在弯曲状态的海缆进行过弯保护，通过限制海缆弯曲半径不小于海缆的最小弯曲半径从而有效防止海缆过度弯曲，保护海缆可靠运行(图 3-13)。

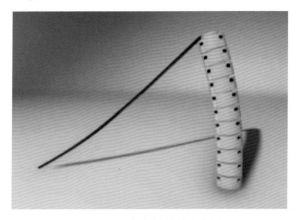

图 3-13 弯曲限制器示意图

3.4.1.2 弯曲加强件

弯曲加强件主要应用于海缆与平台或设备的刚性连接处,用以增加连接处海缆的弯曲刚度,避免长期受洋流作用发生疲劳损伤(图3-14)。

图3-14 弯曲加强件示意图

3.4.2 防磨保护类附件

3.4.2.1 海缆保护管

海缆保护管主要应用在海缆铺设经过岩石、登陆和交叉穿越等情况,包覆在海缆外表面,起抗冲击和耐磨保护作用(图3-15)。

图3-15 海缆保护管示意图

3.4.2.2 球墨铸铁海缆保护管

球墨铸铁海缆保护管主要适用于海缆保护和改造工程,也适用于海缆过滩涂、长江、大海等环境,起到保护作用,使海缆不会遭受破坏,同时由于其质量大,还能增强海缆在水中的稳定性(图3-16)。

3.4.2.3 玻璃钢海缆保护管

玻璃钢海缆保护管主要应用于海缆保护,防止船锚、拖网渔船、滚石对海缆造成的机械损伤(图3-17)。

图 3-16　球墨铸铁海缆保护管示意图

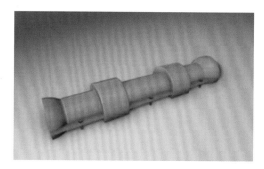

图 3-17　玻璃钢海缆保护管示意图

3.4.3　平台安装类附件

3.4.3.1　平台锚固

平台锚固主要应用海缆登陆海上石油或风电平台，用于对海缆进行端口固定，保护其不受洋流动力影响(图 3-18)。

3.4.3.2　陆地锚固

陆地锚固主要应用于海缆登陆陆地时，用于对海缆进行端口固定，保护其不被潮汐影响(图 3-19)。

图 3-18　平台锚固示意图

图 3-19　陆地锚固示意图

图 3-20　光缆终端盒示意图

3.4.3.3　光缆终端盒

光缆终端盒是光纤传输通道的终端配线辅助设备，适用于光缆入户后的接续和分支，对光缆中的光纤起保护作用(图 3-20)。

3.4.4　海缆接续类附件

3.4.4.1　海缆直通接头盒

海缆直通接头盒适用于施工过程中海缆的接续,以及在维修过程中,可作为维修接头使用(图3-21)。

3.4.4.2　海缆分支接头盒

海缆分支接头盒主要用于实现主干线路到分支线路的接续,具有一进两出的功能,可随海缆直接施工布放或者进行捆绑保护后布放(图3-22)。

 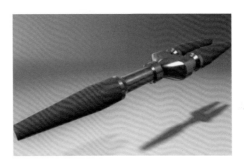

图3-21　海缆直通接头盒示意图　　　　图3-22　海缆分支接头盒示意图

3.4.4.3　海陆接头盒

海陆接头盒适用于10 m以浅水下及陆地上的海缆与陆地光缆之间的连接(图3-23)。

图3-23　海陆接头盒示意图

3.4.5　施工消耗类附件

3.4.5.1　海缆封头帽

海缆封头帽适用于海缆运输、贮存及施工等过程中,端头密封处理,防止水和潮气渗透到海缆内部(图3-24)。

3.4.5.2 牵引网套

牵引网套应用于海缆施工过程中，用于牵引海缆，其结构可保障在不损伤海缆外表皮情况下，提供数吨拉力(图3-25)。

图 3-24　海缆封头帽示意图

图 3-25　牵引网套示意图

3.4.5.3 紧急抛弃件

紧急抛弃件用于海缆施工过程中，遇到紧急情况需截断海缆时，安装在截断处的装置，可以用于定位海缆，方便下次打捞(图3-26)。

3.4.5.4 牵引头

牵引头用于施工过程中，安装在海缆端部，进行施工牵引，特别适用于大拉力工况(图3-27)。

图 3-26　紧急抛弃件示意图

图 3-27　牵引头示意图

参考文献

中国电子技术标准化研究所, 2001. 海底光缆规范：GB/T 18480—2001[S]. 北京：中国标准出版社.
中国人民解放军总参谋部通信部标准计量办公室, 2006. 海底光缆接头盒规范：GJB 5652—2006[S].
中国通信标准化协会, 2005. 光缆接头盒第三部分浅海光缆接头盒：YD/T 814.3—2005[S].

中国通信标准化协会,2011. 光缆接头盒第五部分深海光缆接头盒:YD/T 814.5—2011[S].

中国通信标准化协会,2020. 深海光缆:YD/T 2283—2020[S].

ITU Telecommunication Standardization Sector(国际电信联盟电信标准分局),2006. 海底光缆特性 Characteristics of optical fibre submarine cables:ITU-T G. 978[S].

ITU Telecommunication Standardization Sector(国际电信联盟电信标准分局),2007. 海底光缆系统的一般特性 General features of optical fibre submarine cable systems:ITU-T G. 971[S].

ITU Telecommunication Standardization Sector(国际电信联盟电信标准分局),2007. 无中继光纤海底光缆系统的特性 Characteristics of repeaterless optical fibre submarine cable systems:ITU-T G. 973[S].

ITU Telecommunication Standardization Sector(国际电信联盟电信标准分局),2007. 有中继光纤海底光缆系统的特性 Characteristics of regenerative optical fibre submarine cable systems:ITU-T G. 974[S].

ITU Telecommunication Standardization Sector(国际电信联盟电信标准分局),2007. 适用于海底光缆系统的测试方法 Test methods applicable to optical fibre submarine cable systems:ITU-T G. 976[S].

ITU Telecommunication Standardization Sector(国际电信联盟电信标准分局),2008. 与海底光缆系统相关的术语定义 Definition of terms relevant to optical fibre submarine cable systems:ITU-T G. 972[S].

4 电能供给

4.1 海底电能传输

电能传输与分配系统是海底观测网络的重要组成部分之一，将陆地电能通过水下电能传输网络结构输送至深海，向位于大洋底部的海底观测装置提供源源不断的电力支撑。电能传输与分配系统首先在岸基站将陆地上的电网电压变换为高压，再通过铠装光电复合缆和海水回路将高压电能输送至海底各个节点处，节点处接驳盒系统对高压电能进行多次变换，降低为可直接使用的低压直流电，并进行多路输出处理与功率分配，以保证搭载的科学设备可以得到相应的电能供应与监控处理。本章主要针对这几种输电方式进行介绍，并分析其在水下应用时的优缺点。

4.1.1 交/直流电能传输

就供电方式而言，陆地远距离大范围电网输电系统绝大部分采用的是交流输电，而直流输电则相对应用较少，因此交流输电技术相较于直流输电具有更高的应用度与成熟度。但是，通过对两种输电方式的分析与比较，我们发现在海底观测网络中，直流输电方式相较于交流输电方式更具有优势。

(1)交流输电在陆地上的广泛应用，使得其技术成熟度相较直流输电系统而言更高，因此在一些早期的近岸海底观测网络中，基本采用了交流供电系统，比如建于20世纪的美国的马撒葡萄园岛海岸带观测系统(Martha's Vineyard Coastal Observatory，MVCO)和LEO-15等海底观测网络。但是，交流输电系统并不适用于大范围远距离的海底观测网络，主要原因是：①远距离输电时，由于线路上的寄生电容，所带来的电容电流会降低传输效率，且传输缆沿线电压分布不均；②由于交流传输系统无功功率的存在，在传输相同功率的情况下，传输损耗比直流传输系统高，且需要进行功率因数补偿，以提高传输效率；③交流传输系统的线损大，如线缆中的电阻损耗、介质损耗和磁感应损耗；④交流电能变换系统由于大型变压器件的存在，对于空间要求较高，不适用于小型化、高功率密度的海底观测网络；⑤交流输电系统对线缆的耐压要求比同等电压的直流线缆要高，因此成本较高。

（2）随着大功率高耐压水平的开关元件的出现，直流电能传输系统得到了极大的发展，在陆地大型电网中也日益受到更多的关注与使用。直流传输系统也因具有如下优势，而应用于大型海底观测网络建设中：①在直流传输系统中，线缆寄生参数的影响在稳态情况下基本为零，主要影响为线缆电阻损耗，而寄生电容不会影响到线路沿线电压分布，直流电压均匀分布，且传输距离不受电容电流的影响；②在空间受限的海底观测网络节点中，直流高压电能变换系统采用大功率开关器件，体积小，功率密度大，相对于交流高压电能变换系统的大型变压器而言，可以有效降低节点尺寸，降低布放难度；③直流传输系统对线缆耐压要求比交流系统低，线缆不易老化，损耗低，且可以采用单极供电，成本低；④直流供电系统扩展方便，可以进行分期建造，比较适用于需逐步扩大范围与规模的海底观测网络。

4.1.2 直流恒流/恒压方式

直流供电系统分为恒压供电和恒流供电，在海底观测网络中，因其各自优势而各有应用。恒流供电方式指线缆上电流恒定，在节点处由串联在线缆上的恒流转恒压变换器进行电能变换；而恒压供电方式指线缆上电压恒定，在节点处由并联在线缆上的高压转低压电能变换器进行电能变换。恒流供电方式因其反馈回路为海水，因此即使线缆断裂，也不会发生短路和全部节点崩溃的情况，但是其可传输功率受限于线缆过电流能力，且电能利用率低，不易拓展，因此适用于海底情况复杂、地震频发的观测网络中进行小功率海底设备的海洋探测工作。恒压供电方式则具有传输功率大、扩展方便、电能利用率高等优点，但是具有对供电线缆故障容错率低、易发生崩溃等缺点，因此适用于大范围、高功率、需拓展且具有故障隔离功能的海底观测网络中。

陆地电网上的直流供电系统的输电方式分为单极传输、双极传输、降压传输和背靠背传输方式，其中单极传输又分为单极大地回线和单极金属回线。在海底观测网络供电系统中，海水作为良导体，且具有较大的横截面积，其传输阻抗基本为零，可以作为单极回线。因此，海底观测网络供电系统采用单极传输方式具有如下优势：①降低成本，使用单芯电缆即可与海水组成供电系统实现供电；②海水回路阻抗基本为零，可以降低传输回路损耗；③只用敷设一根电缆，工程应用性较强；④扩展性高，在进行系统拓展的时候，只需要在新布放节点处增加水下回路电极即可。

综上所述，在建设大范围、易拓展、效率高的大型海底观测网络中，选择直流单极恒压供电方式可以更好地构建电能传输与分配系统。

4.2 高中压电能变换

4.2.1 降电压模式

为降低输电链路上电能损耗，海底观测网用于电能传输的电压等级较高，不能直接用于水下科学仪器的电能供给，需要通过降电压模式实现高中压电能变换，将光电复合缆传来的 10 kV 高压转化成为 375 V 的中压，再传递给次级接驳盒或科学仪器。要实现这样的电能变换，通常采用线性电源设计或开关电源设计，两者的区别在于，线性电源中的开关管始终工作在线性放大区，而开关电源中的开关管处于导通或关断状态。

线性电源利用开关管的电流放大功能来实现对输出电压的调节，优点是电路简单可靠，纹波小，精度高，对外干扰小，适用于对电噪声非常敏感的场合。缺点是：①功率器件一直工作在线性区，发热较大，从而效率不高，一般为30%~60%；②需要庞大而笨重的变压器，所需的滤波电容的体积和质量也相当大。

开关电源通过控制开关管的导通和关断的比例来控制输出电压。由于开关管在关断的时候损耗很小，可以忽略，因此开关电源的效率比较高，一般为70%~90%。另外，开关电源的开关频率较高，通常为数十千赫兹到数百千赫兹，磁性元件可以更小更轻，省去了体积较大的工频变压器，便于实现小型化。开关电源的缺点是纹波和开关噪声较大。总体来说，在要求大功率、小型化的海底观测网络电能传输系统中，开关电源更为适合。

开关电源主要有 AC/DC、DC/DC、DC/AC 三种，海底观测网的终端主要为直流，因此，主要使用 AC/DC 和 DC/DC 两种变换方式。

4.2.1.1 AC/DC 变换

AC/DC 变换在恒压交流系统或者岸基站使用较多。如海底观测网的岸基站，供电单元采用三相交流电输入，直流负高压输出，输入端交流电经全桥整流后，转换为直流输出，经滤波和功率因数提升后，进入逆变电路转换为高频交流信号，由于提升电压较低，所以不需要使用倍压电路，而直接进入变压器初级线圈，升压至高压交流电由变压器次级线圈输出，进入全桥整流桥，转换为直流高压，进行输出。

1）三相全桥式不可控整流

岸基供电单元输入为三相交流电压，需要将其转换为直流电压，因此采用 6 脉动全桥式整流电路(图 4-1)。其中共阴极组为 3 个阴极连接在一起的晶闸管(VT_1、VT_3、VT_5)，共阳极组为 3 个阳极连接在一起的晶闸管(VT_4、VT_6、VT_2)。晶闸管按照从

1 至 6 的顺序导通，导通顺序为 VT_1-VT_2-VT_3-VT_4-VT_5-VT_6。全桥不可控整流电路结构简单，技术成熟，因此此处采用三相全桥式不可控整流，即晶闸管的触发角 $\alpha = 0°$，那么，对于共阴极组的 3 个晶闸管，是阳极所接交流电压值最高的一个导通，而对于共阳极组的 3 个晶闸管，则是阴极所接交流电压值最低(或者说负得最多)的一个导通。这样，任意时刻共阳极组和共阴极组中各有 1 个晶闸管处于导通状态，施加于负载上的电压为某一线电压。此时，电路工作波形如图 4-2 所示。

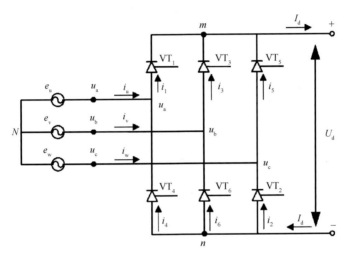

图 4-1　三相 6 脉动全桥式整流器拓扑

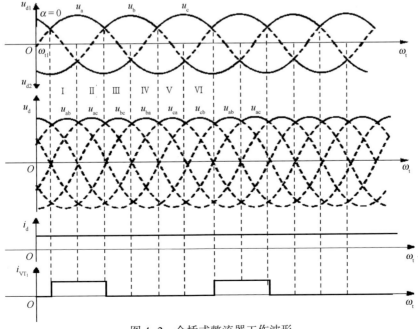

图 4-2　全桥式整流器工作波形

2）滤波与功率因数校正

全桥式不可控整流电路原理简单，技术成熟，但是交流侧输入电流的波形会发生畸变，产生谐波电流，功率因数较低，因此变压器输出端需要进行功率因数校正，以限制整流电路输入端谐波分量。采用有源功率因数校正器进行输入功率因数的提升，即在整流器和负载之间接入一个功率因数校正转换器，应用电流反馈技术，使输入端的电流 i_{in} 波形跟踪交流输入正弦电压波形，使 i_{in} 接近正弦。

3）全桥逆变和整流滤波

在得到较为稳定的直流电压后，由于需要采用变压器升压，因此，需要将该直流电压经过逆变电路进行逆变，将其转换为高频交流信号。本文采用全桥式脉冲宽度调制（PWM）逆变器进行直流转交流，并进行输出整流和滤波，将输出电压 U_o 提升至相应的高压直流输出。

如图 4-3 和图 4-4 所示，分别为全桥式脉冲宽度调制 DC/DC 转换器和其工作波形。全桥式脉冲宽度调制转换器由逆变器、输出整流器和直流滤波器组成。开关管 V_1 与 V_4 和 V_2 与 V_3 分别同时导通和关断，分别在一个周期的上下半周期内导通，导通时间为 $D_u\dfrac{T_s}{2}$，D_u 为占空比。变压器 T_r 的初级电压 U_{AB} 为方波，其脉宽等于 $D_u\dfrac{T_s}{2}$，幅值等于 U_i，次级电压 u_{S_1} 和 u_{S_2} 幅值为 $U_{i/K}$。经过二极管 D_{R_1} 和 D_{R_2} 整流后的直流电压 U_{CD} 中脉冲的频率为开关频率的两倍，经过滤波后电压 U_o 为

$$U_o = D_u \frac{U_i}{2} \qquad\qquad (4-1)$$

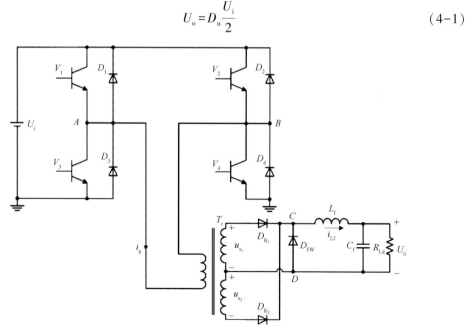

图 4-3 全桥式逆变器、输出整流器和直流滤波器

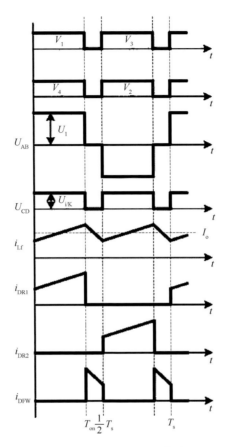

图 4-4　全桥式转换器工作波形

4.2.1.2　DC/DC 模块

DC/DC 在恒压直流系统或者海底观测网络的节点变换里面使用较多，其中主要应用在变换器环节上，用于实现高压到中低压的电能变换。

一个完整的 DC/DC 开关电源的结构框图如图 4-5 所示。输入电压通过一定拓扑的开关变换器进行电压转换后输出。反馈回路对电压或电流信号进行采样输给控制器，控制器的输出信号输给驱动电路，驱动开关管闭闭。采样的电压电流信号同时给保护电路，从而实现过压过流等保护。整个驱动和控制电路由辅助电源供电，电源刚开始启动时，辅助电源可能还没有工作，此时由启动电源供电。

主电路拓扑方面，DC/DC 变换器根据输入和输出端是否有高频变压器隔离分为非隔离式和隔离式。由于变压器能够隔离输入和输出，能够抑制噪声并且更加安全，隔离式变换器得到了越来越多的应用。这种起隔离作用的变压器匝数比一般为 1∶1，因为变压器匝数比为 1∶1，可以获得最优的耦合系数和传输效率。

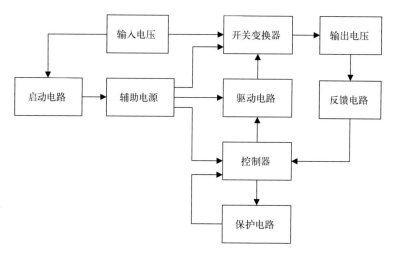

图 4-5 DC/DC 开关电源的功能结构框图

隔离式变换器的拓扑主要有正激式、反激式、双管正激式、双管反激式、半桥式、全桥式和推挽式等，这些变换器拓扑的一般适用场合见表 4-1。从表 4-1 中可以看出，正激式、双管正激式、双管反激式和半桥式拓扑都符合单模块电路中输入电压数百伏和输出功率数百瓦的要求。其中反激式拓扑的优点是结构简单，体积小，缺点是瞬态性能相对较差。半桥式电路的优点是效率高，缺点是体积大，且存在双管同时导通造成短路的风险，可靠性不高。正激式变换器的优点是瞬态性能较好，带负载能力较强，电压和电流的输出特性较好，缺点是体积较大。双管正激式变换器与正激式变换器相比，每个开关管上承受的电压应力减半，使得相同的开关元件的可靠性和寿命增加；不需要复位电路，且开关管关断时能量能够回馈到电源，效率更高。综合以上考虑，海底观测网的变换器可以采用双管正激式变换器。目前，在对电源要求比较高的场合，也通常采用双管正激式拓扑。

表 4-1 隔离式变换器拓扑类型及其适用场合

拓扑类型	输入电压/V	输出功率/W
正激式	60~500	100~500
反激式	60~500	5~200
双管正激式	200~1 000	100~1 000
双管反激式	200~1 000	10~400
半桥式	200~1 000	100~500
全桥式	200~1 000	500~数千
推挽式	200~1 000	100~数千

双管正激式 DC/DC 变换器的主电路如图 4-6 所示。S_1 和 S_2 为功率开关管，二极管 D_1、D_2 和 D_4 为续流二极管，D_3 为整流二极管，电感 L 和电容 C 构成滤波电路，减小输出电压纹波。

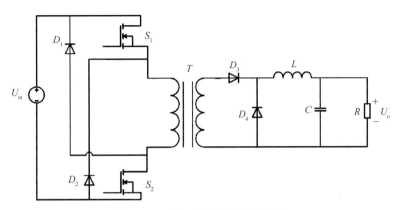

图 4-6　双管正激式变换器主电路

开关管 S_1 和 S_2 同时导通或关断。导通时，电源电压 U_{in} 加到电压器原边绕组上，变压器存储能量。副边绕组上产生感应电动势，二极管 D_3 导通。副边回路上的电流 IL 增加。开关管 S_1 和 S_2 关断时，由于电感 L 的作用，副边绕组电压反向，二极管 D_3 关断，二极管 D_4 导通，构成续流回路，副边回路上的电流 IL 减少。变压器原边上存储的能量通过快速功率二极管 D_1 和 D_2 返回电源 U_{in}。二极管 D_1 和 D_2 导通时，开关管 S_1 和 S_2 上承受的最大电压为 U_{in}。为了防止变压器中剩磁的积累，开关管的导通占空比应小于 50%。

实际电路中，由于输出端电流是输入端电流的数倍，整流二极管上的损耗较大，应用同步整流技术，用金属-绝缘体-半导体(MOS)管代替二极管 D_3 和 D_4，提高转换器的效率。用作同步整流管时，MOS 管反接。

目前常用的开关管有选择双极型晶体管(BJT)、场效应晶体管(MOSFET)和绝缘栅双极型晶体管(IGBT)。相对于双极型晶体管，MOS 管具有开关频率高、体积小、驱动简单等优点，目前在开关电源中应用最为广泛，它的缺点是导通电阻大。IGBT 是一种新型的开关器件，具有耐压高、导通阻抗小和驱动简单等优点，但开关频率不高。因此，选择应用较为成熟的 MOSFET 作为开关元件。

4.2.2　多模块堆叠

高中压电能变换器的输入电压较高，输入电压和输出电压之比达到 26.7 倍，最大输出功率要求为千瓦级别，若仅通过单个 DC/DC 变换器实现，单个的功率开关元件承受的最大电压等于输入电压或者输出电压的数倍，现有元器件的耐压等级难以满足这样的要求。

针对这种输入电压和输出电压比值较大的场合，通常采用多个 DC/DC 变换器拓扑串并联组合的复合变换器实现。输入端采用串联结构，以实现各元器件之间的分压，减小单个元件上承担的电压；在输出端采用并联结构，可以提高输出电流，增大带负载能力。所有 DC/DC 变换器采用同一控制环路，控制电路数量不随着模块数的增加而增加，简化了控制环路。图 4-7 所示为多模块的输入串联输出并联结构(ISOP)示意图，输入电压 $V_{in} = nV_{in\_i}$，输出电压 $V_{out} = V_{out\_i}$，其中，$i = 1 \cdots n$。图 4-8 所示为多模块输入串联输出串联结构(ISOS)示意图，输入电压 $V_{in} = nV_{in\_i}$，输出电压 $V_{out} = nV_{out\_i}$，其中，$i = 1 \cdots n$。

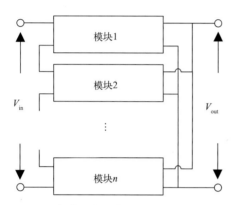

图 4-7　多模块输入串联输出并联结构示意

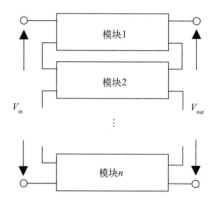

图 4-8　多模块输入串联输出串联结构示意

海底观测网输出的 375 V 电压属于中压，可采用输入串联输出串联结构和输入串联输出并联结构相结合的多模块堆叠结构，以减小单个开关元件上承受的电压。

高中压电能变换器采用多模块堆叠降压模式，其总体结构如图 4-9 所示：①每个单模块电路实现约 210 V-47 V 的电能转换；②主电路二级模块采用 8 个单模块串联输入串联输出，组成一个 1 650 V-375 V 模块；③主电路一级模块采用 6 个二级模块串联输入并联输出，输出端接法为输出电容并联式；④所有主电路模块采用同一控制环路进行控制。

按整个高中压电能变换器最大输出功率 10 kW 来计算，每个二级模块功率约为 1 660 W，单模块功率约为 210 W，故采用双管正激 DC/DC 变换器作为其中一个二级模块。

高中压电能变换器的核心部分为主电路和控制电路。主电路用于功率的传递，主要由输入滤波电路、DC/DC 变换器、输出整流电路和输出滤波电路组成。控制电路主要由采样电路、误差放大电路、控制电路和开关管驱动电路等环节组成。

开关电源的控制技术主要有脉冲宽度调制模式和脉冲频率调制(PFM)模式。顾名思义，脉冲频率调制模式是指通过反馈调整控制信号的频率，控制信号的占空比不变，实现稳压输出。脉冲宽度调制模式是控制脉冲的频率不变，通过电压反馈调整占空比，实现稳压输出。因为脉冲频率调制模式滤波电路设计复杂，纹波大，所以选择噪声低、应用更为普遍的脉冲宽度调制技术。

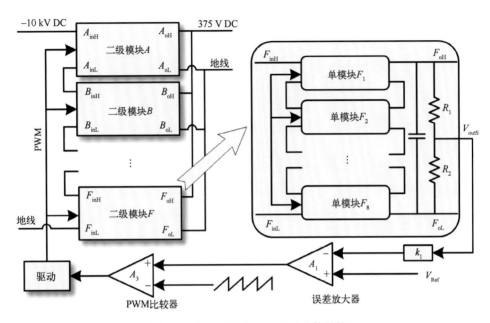

图 4-9　高中压电能变换器的总体结构

图 4-10 所示为典型的脉冲宽度调制模式控制的开关电源闭环负反馈电路，当输出电压升高时，误差放大器输出减小，使得脉冲宽度调制控制信号减小，从而实现稳压输出。

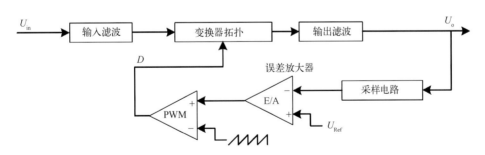

图 4-10　典型的脉冲宽度调制模式控制的开关电源闭环负反馈电路

脉冲宽度调制控制技术主要有电压型和电流型两种。电压型脉冲宽度调制控制如图 4-11 所示，通过采样放大得到的反馈信号 V_{FB} 和基准电压 V_{Ref} 比较得到电压误差放大信号 V_e，再同脉冲宽度调制比较器中的锯齿波信号比较，输出占空比变化的方波驱动信号。电压型控制的优点是单环控制，设计简单，稳定性好，缺点是动态响应慢。

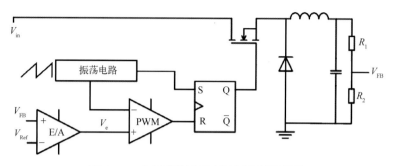

图 4-11　电压型脉冲宽度调制控制原理图

电流型控制是将电压型控制中误差放大器的信号 V_e 作为电流型控制的电流基准，将检测到的电流信号同该基准值进行比较得出 MOS 管的驱动信号。根据检测电流信号和基准信号是直接进行脉冲宽度调制比较，还是先进行电流误差放大再与锯齿波进行比较，电流型脉冲宽度调制控制技术分为峰值电流型控制和平均电流型控制。电流型控制的优点是动态响应快，调节性能好，自动限流，容易实现过流保护。但是峰值电流型控制抗干扰能力差，控制精度不高，当 $D>0.5$ 时需要斜坡补偿才能稳定。平均电流型控制的抗干扰性能、稳定性和控制精度都比峰值电流型好，但电流的检测复杂，检测元件损耗大，且参数整定困难。

由于电压型脉冲宽度调制控制具有抗干扰能力强、占空比调节不受限制及调试相对容易等优点，在开关电源控制中有着广泛应用。针对其瞬态响应慢的缺点，研究提出了两种解决方案：①增大误差放大器的带宽，使其有一定的高频增益。但这样会使电路对高频的开关噪声干扰敏感，要在主电路和反馈电路中加入抑制或平滑措施；②在控制电路中提前引入一个补偿值，提前给系统一个信号，告诉它稳态的方向，使这个信号靠近脉冲宽度调制比较器本身，而不经过主电路中的输出电容和输出电感，从而提高系统瞬态响应。引入补偿值后的电压型脉冲宽度调制控制技术兼有电压型脉冲宽度调制控制器稳定、抗干扰能力强及调试简单等优点，又具有快速响应特性。

4.2.3　2 kV@2 kW 电能变换器设计

为设计一个输入电压为 2 kV、输出电压为 375 V、功率为 2 kW 的电能变换器，研究采用了模块堆叠组合设计方案。单个基础模块为结构较为简单的双管型正激电路（图 4-12），输出半波或者同步整流。因当前流行的 MOSFET 开关器件的耐压大都在 600 V 以下，为增强可靠性，所有器件降额使用，取额度输入为 200 V，则 $S_{in}=\dfrac{V_{in}}{V_{m\_in}}=\dfrac{2\,000}{200}=10=n$，$n$ 为堆叠模块数量。因输出电容并联式 ISOP 结构具有较强的自然均压稳定性，若优先考虑结构稳定性，取输出端$S_o=1$，$V_{m\_o}=V_o=375$ V。由其输出电压增益式 $NDV_{in}=nV_o$ 可得，$ND=\dfrac{nV_o}{V_{in}}=1.875$，考虑到正激型电路的占空比必须为 $0<D<0.5$，为保证其具有较好的负载响应特性，稳态占空比一般取相对中间值，即 $D=0.25\pm0.1$，则匝数比 $N=12.5/7.5/5.36$。显然，匝数比较大，变压器漏感和损耗都比较大。

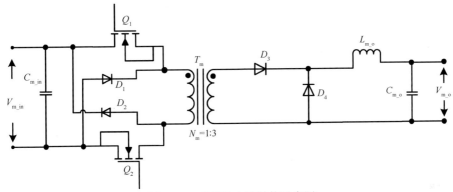

图 4-12　单模块电路结构示意图

　　为降低变压器匝数比，研究提出了交错并联式 ISOP 和电容并联式 ISOP 结构混合的方式。根据前面研究得知，交错并联式 ISOP 结构可简化为与单个正激电路具有相同特性的模块。因此，以两个双管正激电路组成的输出交错并联式 ISOP 结构作为基础模块，则该基础模块的额定电压输入为 400 V，而输出仍为 375 V，稳态占空比范围仍然取 $D=0.25\pm0.1$，根据其增益特性的计算得 $N=6.25/3.75/2.68$。进一步计算出由该基础模块构成的变换器的变压器匝数比为 $N=6.25/3.75/2.68$，可见，采用混合式的 ISOP 结构后，变压器匝数比降低了一半，具有更好的工艺特性和传输效率。

　　如图 4-13 所示，两个双管正激电路通过输出交错并联式 ISOP 组合方式构成一个输入为 400 V、输出为 375 V 的基础模块，即 $[2\quad1]_{in}\overset{\eta}{\leftrightarrow}[1\quad2]_o$。然后五个该基础模块通过输出电容并联式 ISOP 组合方式构成一个输入为 2 kV、输出为 375 V 的 DC/DC 变换器，即 $[5\quad1]_{in}\overset{\eta}{\leftrightarrow}[1\quad5]_o$。其中，变压器匝数比 $N=3$，稳态时的占空比 $D=0.3125$。

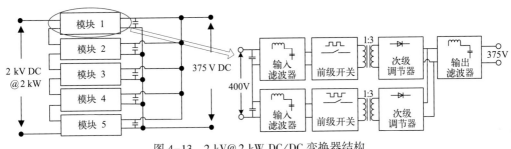

图 4-13　2 kV@2 kW DC/DC 变换器结构

基于共占空比控制策略的控制环路可采用传统的单模块正激电路的控制环路。图 4-14 所示为该组合变换器的控制环路，只需一个基于电压型的脉冲宽度调制控制器。变换器的总输出电压采样经过 PI 调节后进入控制器，控制器可输出两路同一占空比的脉冲宽度调制信号，相位相差 180°，该脉冲宽度调制信号经过隔离放大后同时驱动变换器，实现同一占空比控制。为增强该变换器的动态响应特性，也可采用电流环控制方式，如峰值电流控制方式，其控制的机理为：根据输入电压和负载的情况，电压控制外环设定本周期的输出电感电流峰值，并与电感电流瞬时值做比较来调整脉冲宽度调制信号，实现对电感峰值电流的控制。因峰值电流模式控制技术可逐个开关周期控制输出电流，比电压控制方式具有更优越的负载调整特性和抗输入扰动能力。可见，所有模块运行在同一占空比的脉冲宽度调制下，控制系统非常简单，模块的堆叠数量与控制器无关，更利于扩展和冗余设计。

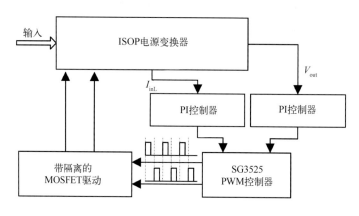

图 4-14　2 kV@2 kW DC/DC 变换器的控制环路

4.2.4　10 kV@10 kW 电能变换器设计

为设计一个输入电压为 10 kV、输出电压为 375 V、功率为 10 kW 的电能变换器，研究采用了模块堆叠组合设计方案。虽然 2 kV@2 kW 电能变换器的结构简单，稳定性好，但有两个明显缺点：①其变压器匝数比大于 1，变压器制作工艺复杂，漏感大，传输效率偏低，变压器一致性较差；②变压器副边整流管的电压应力为 NV_{m_in}，匝数比越大，电压应力就越高，不利于选型，损耗也非常大。针对这两个缺点，10 kV@10 kW 电能变换器设计采用了不同的拓扑结构。

10 kV@10 kW 电能变换器的单模块同样为双管型正激电路。为保证变压器的参数尽可能完全一致，将其匝数比定为 1∶1，而额定输入仍为 200 V，稳态占空比 $D =$

0.25，则单模块的输出范围为 $V_{m\_o}=50$ V，$S_o=\dfrac{V_o}{V_{m\_o}}=\dfrac{375}{50}=7.5$，取整为 $S_o=8$，则 $V_{m\_o}\approx$ 47 V，即输出端需要串联 8 个模块来获得 375 V 输出。而输入端为串联结构，这样 8 个模块通过 ISOS 组合方式可构成一个 1 600 V 输入、375 V 输出的变换器，即 $[8\quad 1]_{in}^{\eta}\leftrightarrow$ $[8\quad 1]_o$。并将该变换器作为一个堆模块（区别于单模块）。6 个堆模块通过输出端电容并联式 ISOP 组合方式构成输入 9 600 V、输出 375 V 的 DC/DC 变换器，即 $[6\quad 1]_{in}^{\eta}\leftrightarrow$ $[1\quad 6]_o$。为了满足要求，每个基础模块的输入调整为 208 V，输出为 47 V，稳态占空比 $D=0.226$，具体结构参见前文图 4-9 所示。

基于共占空比控制方式的控制环路可采用与 2 kV@ 2 kW DC/DC 电能变换器一样的环路。输出电压采样信号与电压环参考电压 V_{Ref} 比较后，其误差放大信号与锯齿波在脉冲宽度调制比较器中比较产生脉冲宽度调制信号，该脉冲宽度调制信号经过隔离放大后对所有模块同步驱动。可见，基于共占空比控制的 10 kV@ 10 kW 电能变换器的控制系统也非常简单，模块的堆叠数量与控制器无关，利于扩展和冗余设计。

4.3　中低压电能变换

4.3.1　降电压模式

海底观测网光电复合缆上的 10 kV 电压经过高中压电能变换为标准的中级电压，该电压需要经过进一步的中低压电能变换才能用于水下科学仪器的电能供给。海底观测网主级接驳盒负责高中压电能变换以及中压电能的扩展和分配，次级接驳盒则负责中低压电能变换以及低压电能的扩展和分配。

通常一个主级接驳盒可扩展四个次级接驳盒，每个次级接驳盒平均可获得 2 kW 的电能。特殊情况时，为满足某个次级网络更高的功耗需求，主级接驳盒的电能监控与管理系统可根据能量分配盈亏情况，为特定的次级接驳盒提供更多的电能。

次级接驳盒为海底观测网的接驳终端，可提供多个接口。因次级接驳盒的上行通信带宽和输电容量受输电缆限制，接口数量越多，则每个接口平均可使用的电能和带宽就越少。大部分水下观测设备的使用电压不超过 48 V，一般为次级接驳盒提供 48 V 和 24 V 两种电压等级，相当于一个单输入多输出的直流微型供配电结构。由于输入电压较高，输入范围较宽，变换功率较大，输出通道较多，且为不同的电平，当前没有商业产品可直接满足需求，只能设计相应的系统来满足需求。

4.3.2 多模块堆叠

传统的微型直流电能供配给系统结构主要有集中式供配电结构、模块化供配电结构和分配式供配电结构三种。

4.3.2.1 集中式供配电结构

集中式供配电结构由单输入多输出的单一电能变换器组成，如图 4-15 所示。

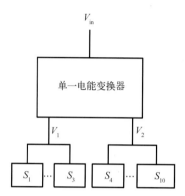

图 4-15 单输入多输出的微型集中式直流供配电结构

在该结构中，唯一的电能变换器具有多个输出，如图中的 V_1 和 V_2 分别为 24 V 和 48 V 输出，在两路输出总线上分别扩展出多个输出通道，如 V_1 总线上通过三路控制开关 $S_i(i=1，2，3)$ 来扩展三路输出，V_2 总线上通过七路控制开关 $S_i(i=4，\cdots，10)$ 来扩展七路输出。该结构具有几个明显的优缺点：①结构简单，因所有电能变换以及通道集成在一个变换器中，整体体积相对较小；②可靠性不高，因输入电压较高，转换功率较大，平均无故障运行时间（mean time between failures，MTBF）也不高（通常低于 10^5 小时）；③抗干扰能力差，输出通道采用总线的方式，任何一个负载产生干扰或者故障都很容易影响到总线上的其他负载；④冗余困难，因采用单一结构的变换器，只能通过降额使用来实现冗余，作为供电链路上的单点结构，其本身不高的可靠性决定了整个供电系统的可靠性较低。

4.3.2.2 模块化供配电结构

模块化供配电结构是由多个小功率模块通过并联的方式组成单输入多输出结构，如图 4-16 所示。

相对于集中式供配电结构，该结构是将集中式电源离散化和模块化，利用多个小功率模块并联的方式来替代单一的电能变换器，如 6 个小模块并联组合输出 V_1，而 14 个小模块并联组合输出 V_2，在各个输出端同样采用总线供给和多路开关控制的方式为

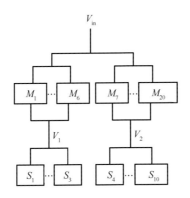

图 4-16　单输入多输出的微型模块化直流供配电结构

多路负载供电。因此，这种结构可解决集中式供配电结构的一些弊端。首先，功率离散化后，可使用具有较高可靠性的小功率商业模块，大幅度提高了可靠性；其次，模块化后可实现单元冗余，从而可以提高整体系统的可靠性；再次，小模块化后的电能变换系统更加利于结构优化和封装，利于水下应用。当然，因该结构仍然采用了总线供电的方式，抗干扰和抗故障能力没有得到改善。

4.3.2.3　分配式供配电结构

分配式供配电结构为两级电能变换结构，如图 4-17 所示。

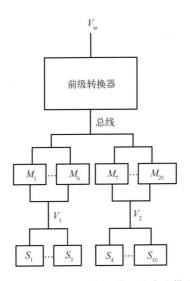

图 4-17　单输入多输出的微型分配式直流供配电结构

分配式供配电结构由两级变换组成，前级通常位于输入端，该级变换通常由单一的变换器构成，后级位于配电端，由多个小模块并联堆叠组合而成，类似于模块化供配电结构。在一些较大的供电系统中，因输入端和配电端距离较远，输电线路较长，容易引入干扰。采用该结构后，一来可以解决输电线路过长易产生干扰的问题，二来两级变换结构可以提供较高品质的电能。因此，该结构一般用于较大的直流供配电系统或者对供电质量要求较高的系统，如大型计算机系统或者通信控制中心等。但若应用在海底观测网，该结构具有明显的缺点：首先，前端的变换器同样是高压输入、高功率的器件，同时又是供电链路上的单点结构，可靠性不高，制约了整个供电系统的可靠性；其次，双级电能变换结构的转换效率低于单级变换，不适合应用在对功率密度要求较高、散热条件不易改善的次级接驳盒中；再次，次级接驳盒的供电结构较小，在供电质量上要求不高。因此，应用在次级接驳盒上，分配式结构的优势无法体现出来。

相对而言，模块化结构更适合作为次级接驳盒的中低压电能变换系统的结构，但应用在水下环境时，需要考虑一个关键因素。直流输电系统中任何一个地方出现短路时，系统都极易发生崩溃，而在水下环境中，短路故障是最容易发生的故障。因此，降低此类故障发生概率及提高此类故障的隔离能力是保障水下直流输电系统可靠运行的关键。为预防此类故障发生，研究增加了水下供电线路的接地故障实时检测功能，具体检测和隔离方法将在后续章节中展开论述。上述三类供配电结构，其输出端都采用了总线式供电结构。这种结构虽然有利于优化电能分配和利用，但会产生相互干扰，同时接地故障检测与定位方法复杂，比如说当一根输电线产生接地故障，可引起故障信号，但故障点的定位则只能通过轮循关断该总线上的所有负载才能确定，影响到供电正常的观测设备。

为了解决此类弊端，研究提出了一种隔离式的供配电结构，如图4-18所示。

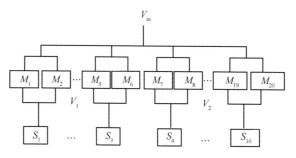

图4-18　单输入多输出的隔离式供配电结构

这种隔离式供配电结构仍然采用模块化方式，由多个模块并联组合，但不同于总线供电方式，各路负载均由完全独立的电源模块供电，为了增强其可靠性，每一路负载的供电均由两个模块组成1+1的结构提供，负载供电由开关控制。采用这种结构具有几个优点：①模块化设计后，可以单独使用高可靠性和高转换效率的电源模块，同时每一路均采用冗余设计，大大提高了各路供电的可靠性；②各路负载完全电气隔离，任何一路负载的变化和故障都不会对其他端口的负载产生影响，具有较高的抗干扰能力；③各路供电模块可单独控制运行，若某端口没有负载，可关闭该路供电模块，延长使用寿命；④相对于总线式供电结构，该结构更容易检测和定位故障点。

4.3.3　DC/DC 模块

中低压的 DC/DC 模块具有非常成熟的商业产品，产品集成度高、封装小，可直接采购使用。以 Vicor 电源公司的 DC/DC 模块为例，Vicor DC/DC 模块(图 4-19)采用先进的电源处理、控制和封装技术，提供了性能、灵活性、可靠性和成本效益成熟的电源组件，其产品特性如下：

- 直流输入范围：250~425 V 隔离输出；
- 输入浪涌耐受：500 V，持续 100 ms；
- 直流输出：2~54 V；
- 可编程输出：10%~110%；
- 调节：±0.25%空载至满载；
- 效率：高达 89%；
- 最高工作温度：100℃，满载；
- 功率密度：高达 120 W/in^3；
- 板上高度：0.43 in(10.9 mm)；
- 可并行，$N+M$ 容错；
- 低噪声 ZCS/ZVS 架构；
- 符合 RoHS(带 F 或 G 引脚选项)。

图 4-19　Vicor 电源模块

4.3.4　400 V@5 kW 电能变换器设计

本小节设计一个次级接驳盒的电能变换系统，如图 4-20 所示，该电能变换系统由 20 个电源模块组成 10 路输出，其中 1 路 24 V 为接驳盒内部设备供电，2 路 24 V 为外部设备供电，7 路 48 V 为外部设备供电，观测设备可以选择合适的端口连接。每路输出均由两个在输入端并联输出的电源模块组成，为确保故障模块不会影响到整体系统，或者影响到正常模块，两个模块的输入端通过保险丝连接到输入总线，而输出端通过功率二极管并联。当其中一个模块出现故障时，能够直接从并联系统中隔离，以免对正常模块或者电源系统造成影响。

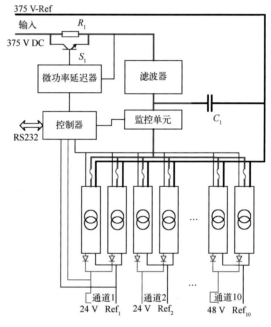

图 4-20　中低压电能变换器系统结构

为保证该电能变换系统可靠运行，围绕该结构设置了多个功能单元。该电能变换系统的输入端为大容量的输入滤波电容，系统启动瞬间会产生很大的浪涌电流，容易损坏前一级的供电电源或者连接器件，反复的大电流冲击也会降低滤波电容的寿命和性能，因此，在输入端安装了一个由大电阻 R_1 和 IGBT 开关 S_1 并联组合的浪涌抑制器。在启动瞬间，开关处于断开状态，输入电流在电阻的抑制下保持较低值，当输入电流恢复到正常水平时，将 S_1 闭合，则 R_1 被旁路，实现无阻过渡。除了该浪涌抑制器，监控单元用于监测输入电压、电流量和腔内四个点的温度量。各个电源模块上都集成了测量与控制单元，所有模块的控制由一个直接与接驳盒控制系统相连的控制器控制，可以实现各路模块的电压电流量检测和通断控制。如图 4-21 所示，控制器由一个电源、MSP430 控制器和 I/O 控制扩展模块组成，其中，电源可提供 5 V 和 ±15 V 等电平，MSP430 控制器是基于 MSP430F169 单片机的控制系统，因需要监测和控制 20 个电源模块，需通过 I/O 控制扩展模块来增加 I/O 端口。当端口无负载时，可关闭相应端口的电源模块，以延长其使用寿命（通道 1 为内部负载通道，不能关断该通道）。值得注意的是，为了保证各路供电电源之间的电气隔离，电源模块输入输出均为电磁隔离，而系统中所有测量单元均采用电磁隔离或者光隔离，以保证该电能变换系统的所有输出端口之间无任何电气连接，避免干扰。

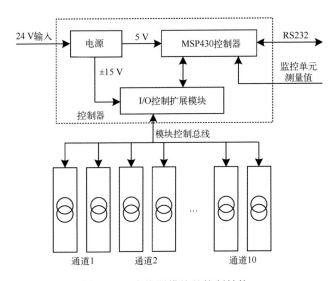

图 4-21　变换器模块的控制结构

4.4　电能系统散热

4.4.1　热传递原理

陆地上的电能变换系统较为完善，有很多可以借鉴的地方，但针对水下环境，由于大部分电子元件不能暴露在水中使用，而且海底的压力较高，因此高中压电能变换器和中低压电能变换器均需要密封在特定的耐压腔体中。由于腔体内部空间有限，要求电能变换器的体积和质量尽量小，并对电能变换器的散热能力提出较高要求。

水下电能变换器的散热主要通过热传递方式，将热量通过耐压腔壁传递至海水中，保证腔体内部温度控制在一定范围内。热传递主要存在三种基本形式：热传导、热辐射和热对流。只要在物体内部或物体间有温度差存在，热能就必然以上述三种方式中的一种或多种从高温向低温处传递。对于固体热源,当它同周围媒质温度差不是很大时(约50℃以下),热源向周围媒质传递的热量可由牛顿冷却定律来计算。

4.4.1.1 热传导

热传导(又称为导热)是指当不同物体之间或同一物体内部存在温度差时,就会通过物体内部分子、原子和电子的微观振动、位移和相互碰撞发生能量传递现象。不同相态的物质内部导热的机理不尽相同。气体内部的导热主要是其内部分子做不规则热运动时相互碰撞的结果;非导电固体中,在其晶格结构的平衡位置附近振动,将能量传递给相邻分子,实现导热;而金属固体的导热是凭借自由电子在晶格结构之间的运动完成的。

热传导是固体热传递的主要方式。在气体或液体等流体中,热的传导过程往往和对流同时发生。

4.4.1.2 热辐射

热辐射是指物体由于具有温度而辐射电磁波的现象。一切温度高于绝对零度的物体都能产生热辐射,温度越高,辐射出的总能量就越大。热辐射的光谱是连续谱,波长覆盖范围理论上可从 0 直至 ∞ ,一般的热辐射主要靠波长较长的可见光和红外线传播。

温度较低时,主要以不可见的红外光进行辐射,当温度为 300℃时热辐射中最强的波长在红外区。当物体的温度在 500~800℃ 时,热辐射中最强的波长成分在可见光区。

辐射源表面在单位时间内、单位面积上所发射(或吸收)的能量同该表面的性质及温度有关 , 表面越黑暗越粗糙,发射(吸收)能量的能力就越强。任何物体都以电磁波的形式向周围环境辐射能量。辐射电磁波在其传播路径上遇到物体时,将激发组成该物体的微观粒子的热运动,使物体加热升温。

一个物体向外辐射能量的同时,还吸收从其他物体辐射来的能量。如果物体辐射出去的能量恰好等于在同一时间内所吸收的能量,则辐射过程达到平衡,称为平衡辐射,此时物体具有固定的温度。

热辐射能把热能以光速穿过真空,从一个物体传给另一个物体。任何物体只要温度高于绝对零度,就能辐射电磁波,被物体吸收而变成热能,称为热射线。电磁波的传播不需要任何媒质,热辐射是真空中唯一的热传递方式。太阳传递给地球的热能就是以热辐射的方式经过宇宙空间而来。

热辐射的重要规律有四个:基尔霍夫热辐射定律、普朗克辐射分布定律、斯忒藩-玻耳兹曼定律及维恩位移定律。这四个定律,统称为热辐射定律。

4.4.1.3 热对流

热对流是指流体内部质点发生相对位移的热量传递过程。由于流体间各部分是相互接触的，除了流体的整体运动所带来的热对流之外，还伴生由于流体的微观粒子运动造成的热传导。

工业中热对流可分为以下四种类型：流体无相变化时，根据产生的原因不同，有自然对流和强制对流两种，其中强制对流传热根据流动状态的不同，又可分为层流传热和湍流传热。流体有相变化时，包括蒸汽冷凝对流和液体沸腾对流。

对流传热系数代表对流传热能力，影响对流传热系数的主要因素有引起流动的原因、流动状况、流体性质和传热面性质等。对流传热系数可由理论推导、因次分析和实验等方法获得。

4.4.2 多点型热源

所有散热方式可归结为热传导、热对流和热辐射三种基本传热方式，由于电能变换器封装在高强度的耐压密封腔体内部，空气无法流通，传统的风冷散热方式不适用，因此电能变换器的散热以热传导和热对流为主要方式。由于深海海水温度为 $0 \sim 4℃$，且通常具有一定的流速，是一个极佳的吸收热量的介质，因此建立电气热源与腔外海水的散热通道是解决散热问题的最佳选择。

以 2 kV 高中压电能变换器为例，高中压电能变换器有多点发热源，热量耗散途径为：热源→内部热耗散介质→金属腔体→海水，利用热阻的原理建立热阻网络如图 4-22 所示。热源和腔内热耗散介质、介质和腔体壁之间存在接触热阻或者对流热阻，而在介质内部或者金属腔体壁内部则存在扩散性传导热阻，其中金属腔体为热导性能极佳的钛合金材料，故 R_4 远远小于其他热阻，可忽略不计，R_5 为固定值。另外，R_{1K} 和 R_{3K} 为对流热阻，R_{2K} 为介质内部传导热阻，这三者都与腔内介质有关。因此，可通过改变腔内热耗散介质的特性来降低热源到海水间的热阻，改善散热性能。

为便于分析，建立腔体散热模型如图 4-23 所示，点热源 K 和腔内热耗散介质间存在一个对流热阻层 A，介质和腔壁间存在一个对流热阻层 C，腔壁外部和海水间存在一个对流热阻层 E，金属腔壁为导热层 D，对流层 A 和对流层 C 之间是介质内部导热层 B。

稳态时，各层的温度梯度只与其对应的对流系数或者导热系数相关，系数越高，对应层的温度梯度就越小，具有更低的热阻。对于 B 层，由于其为空气或者是散热油等介质，存在层流、湍流和混合流等情况。通常情况下，根据瑞利数先判断该部分流体的流动性质，其中瑞利数为 $Ra = Pr \cdot Gr = \dfrac{C_p L^3 a_v g \rho^2 t}{\lambda \mu}$，$Pr$ 为普朗克数，Gr 为格拉晓夫数。当$Ra<10^4$时，自然对流处于层流态，当$Ra>10^9$时，自然对流处于湍流态；当$10^4<Ra<10^9$时，自然对流处于混合流态。

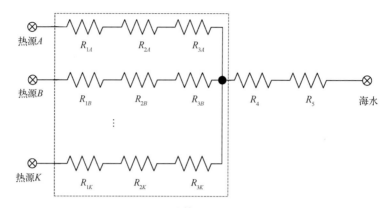

图 4-22　电源腔体热源散热热阻网络

R_{1K}—热源 K 和热耗散介质的对流热阻；R_{2K}—介质内部热传导阻抗；R_{3K}—介质与金属腔壁对流热阻；

R_4—金属腔体壁内部传导热阻；R_5—腔体外部和海水间对流热阻

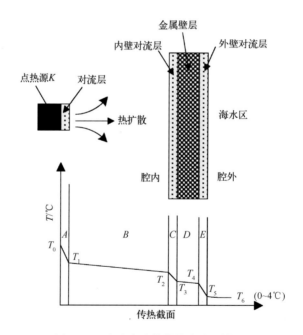

图 4-23　充油式腔体散热热流层模型

相对于空气，在相同散热量下，绝缘油液具有更高的瑞利数，故对流传热强度更高。同时，相对于气-固面，液-固面具有更高的对流换热系数。因此，在封闭腔体灌充绝缘油介质可改善腔内散热性能。利用流体仿真软件 Fluent6.3 建立该 2 kV 电能变换器样机的 2D 模型并进行仿真分析（图 4-24），为简化模型，将变换器的多点型热源平均化，用面热源替代，四块散热板设置不同的热流密度。腔体壁厚假设为 20 mm，腔体壁外部为海水，由于海水通常具有一定的流速，因此腔体壁外可设置为恒温边界条件。为方便与水池试验结构进行比较，该边界条件设为 20℃。腔体内部流体被加热后会受热膨胀而密度发生变化，同时黏度也发生变化，导致流体流动，实现热源与腔体壁之间的快速热交换。由于流动速度不高，采用层流模型进行分析，并获取稳态时腔内最高温度和 A、B 两点的温度。如图 4-25 可见，当腔体热耗散介质为空气时，最高温度和 A、B 两点的温度随总耗散功率增加而急剧上升，对应于 500 W 耗散功率时，腔内最高温度可达 303℃，出现在面热源上，A、B 两点的温度也达到了 227℃。而当腔体内部介质为变压器散热油时，同样的耗散功率时，最高温度只有 46.5℃，A、B 两点的温度仅为 40℃。可见，腔内充油时的散热效果明显好于空气。

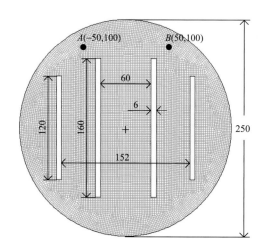

图 4-24　仿真分析模型及网格划分(单位：mm)

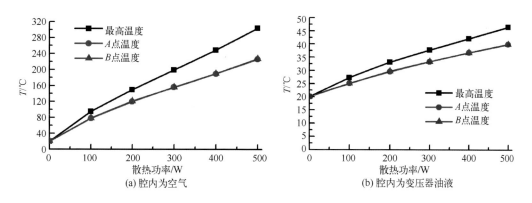

图 4-25　腔体内部温度仿真分析结果

在腔体内部灌充高导热系数绝缘油可改善腔体内部散热性能，但同时引入了一个新问题。导热油具有热膨胀性，油液在受热后膨胀导致油压迅速升高。对于电气设备而言，部分元器件如电解电容等不具备耐压特性，因此，油压必须低于元器件容许的外部压强。为缓解油液压强过高，在腔体中预存一定量的具有高压缩比率的气体，依靠气体体积变化来缓和因油液体积膨胀造成的压强升高(图 4-26)。

图 4-26　气-液结合缓压测试试验台

4.4.3　集中型热源

对于腔体内部集中型热源的散热，首先考虑通过端盖进行散热的方式。由于腔体端盖具有较为平坦的表面，便于安装，传统的水下结构散热都是在端盖上进行。当电能变换系统通过端盖散热时，由于端盖空间过小，无法安装所有模块，铝基散热架只能扩展到腔体内部，散热架两端分别与两个端盖直接连接。在 ANSYS WORKBENCH 仿真平台中建立热分析模型如图 4-27 所示[其中，铝的导热系数为 154 W/(m·℃)，钛合金 TC4 的导热系数为 15.6 W/(m·℃)]。

分析时，每个模块的最大功率为 600 W，以效率 90% 计算，则每个模块产生的热量为 60 W，共使用了 20 个模块，腔体内径为 $\Phi250$ mm，外径为 $\Phi290$ mm，长度 650 mm，端盖壁厚为 98 mm，腔体壁厚为 20 mm。由图 4-27 可见，当腔体外部海水温度设定为 7℃时，腔内最高温度可达 365.5℃，远高于模块的使用温度，且高温点集中在中间段。根据前面热阻网络研究分析可知，处于中间位置的热源热导通道最长，尽管使用了低热阻率的铝基材料，R_3 值仍然较大。同时端盖处壁厚非常大（数倍于腔体壁厚），而钛合金的热导率仅为铝材的 1/10，R_5 的值也不容忽视。可见，通过端盖散热的方式显然难以满足散热要求。另外，端盖一般尺寸较小，空间有限，通常被水密连接缆所占用，留给散热用的空间所剩无几，故电能变换系统通过端盖散热的方案仅在端盖连接水密缆较少的情况下可采用。

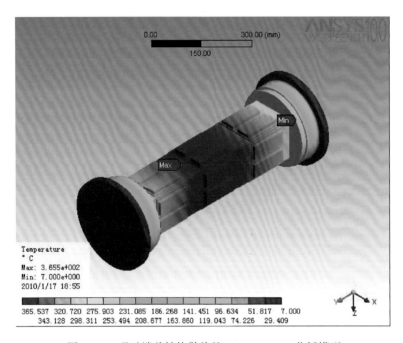

图 4-27　通过端盖结构散热的 Thermal-FEA 分析模型

由于端盖散热面积小、热导通道长、端盖厚度大等原因导致通过端盖散热的效果不理想。为了改善散热效果，可采用通过圆柱形壁面散热的方案。由于圆柱形壁面面积远大于端面，如该例子中圆柱形内壁面的面积为两个端盖面积之和的 5 倍，而腔体壁厚只有端盖的 1/4，模块到壁面的距离远小于到端盖的距离，同时，壁面没有水密连接器占用空间，因此，通过圆柱形壁面散热理论上可以获得更好的效果。

但基于壁面接触散热的散热架结构设计较为困难。首先，为了获得具有良好的接触导热性能，两个接触面必须紧密贴合以增大接触面积，同时还需要外加压力以保证可靠的接触。而圆柱状的腔体壁为弧形结构，不同于端盖上的平面结构，如果散热架与弧形壁面接触不够紧密，则接触热阻 R_4 不但不会减小，反而可能增大，影响散热性能。其次，在深海时，外部压强较大，即使腔体为高强度的钛合金结构，仍然会发生

微小变形。如图 4-28 所示，在 40 MPa(4 000 m 水深)压力下，腔体的最大变形 $DMX =$
1. 117 mm(图 4-28 中所示图像为变形放大效果图)。这足以对内部的散热架造成影响，
如果内部散热架是以刚性连接的方式与圆柱形壁面贴合，则腔体变形时可能造成刚性
散热架发生塑性变形，无法保证散热架与壁面紧密贴合。

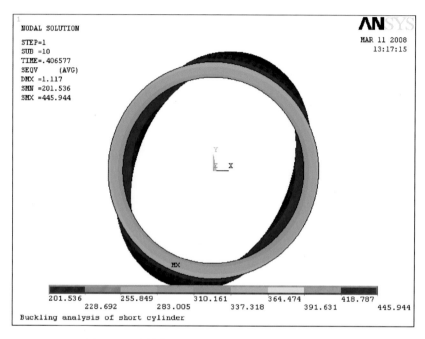

图 4-28　腔体在 40 MPa 水压下的应力应变分析图

　　图 4-29 所示是一种外廓自适应的散热架结构。该结构由四个铝基散热板组成，每
个散热板外部为弧形结构，与腔体内部具有完全一致的加工尺寸(半径、光洁度和圆度
等)，每个散热板上面可安装 6 块电源模块，4 个散热板周向排列，这样既可以充分利
用内部壁面空间，又利于安装。为了适应腔体变形，该结构中心为一个高强度的弹性
装置，中间为两排交错垂直的弹簧，如图 4-30 所示。当散热板放入腔体后，将弹性装
置插入中间，依靠弹簧的弹力将四块散热板压紧在腔体壁面上，其中单方向弹簧的总
工作弹力设计为一个散热板总重量的 5 倍左右，以保证每个散热板接触面的接触压力
在 4~5 倍。当腔体变形时，由于弹簧的自适应功能，该散热架不会受到任何损坏，从
而保证在浅海和深海环境下散热板都能够保持几乎不变的接触压力。实际应用时，接
触面涂覆上导热性能良好的导热硅脂，可以弥补加工误差以及填充腔体变形时接触面
之间的分离间隙，以保持良好的导热性能。

　　对该散热结构进行 Thermal-FEA 分析。因散热架为对称性结构，只取 1/8 圆周建
立仿真模型，同时简化电源模块，在 ANSYS WORKBENCH 10. 0 仿真平台中进行固体

传热分析，设置相应的材料参数，因仿真分析时系统会根据各个接触面的接触条件添加接触热阻，仿真过程中不对接触热阻进行特殊的设置。腔体的外部边界为海水，边界条件设为恒温7℃，电源模块产生的内部耗散功率采用恒热源的方式施加在模块上，仿真结果如图 4-31 所示。

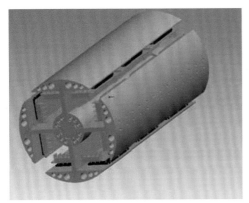
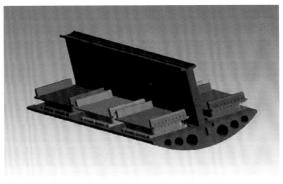

图 4-29 弹性散热架结构示意图

图 4-30 弹性散热架的弹性机构

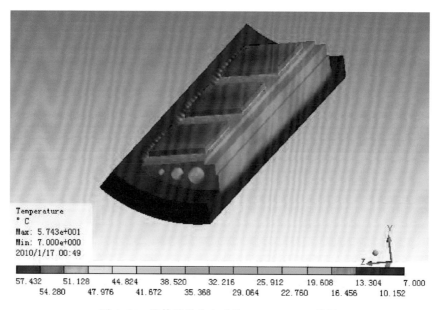

Temperature
℃
Max: 5.743e+001
Min: 7.000e+000
2010/1/17 00:49

| 57.432 | 51.128 | 44.824 | 38.520 | 32.216 | 25.912 | 19.608 | 13.304 | 7.000 |
| 54.280 | 47.976 | 41.672 | 35.368 | 29.064 | 22.760 | 16.456 | 10.152 | |

图 4-31　腔体壁散热方式的 Thermal-FEA 分析

由仿真结果可知，最高温度为 57.4℃，符合电源模块的应用要求。由于在导热面积、传导路径等方面都优于端盖散热方式，故其散热效果优于端盖散热方式。

参考文献

陈鹰，杨灿军，陶春辉，等，2006. 海底观测系统[M]. 北京：海洋出版社.

陈燕虎，2012. 基于树型拓扑的缆系海底观测网供电接驳关键技术研究[D]. 杭州：浙江大学.

陈燕虎，杨灿军，李德骏，等，2012. 基于模块堆叠的同步整流变换器[J]. 电力自动化设备，32(7)：62-65.

陈燕虎，杨灿军，李德骏，等，2013. 海底观测网接驳盒电源散热机理研究[J]. 机械工程学报，49(2)：121-127.

韩民晓，文俊，徐永海，2009. 高压直流输电原理与运行[M]. 北京：机械工业出版社.

刘凤君，2008. 现代高频开关电源技术及应用[M]. 北京：电子工业出版社.

卢汉良，2011. 海底观测网络水下接驳盒原型系统技术研究[D]. 杭州：浙江大学.

肖洒，张锋，李德骏，等，2019. 水下电能传输网络高密度直流变换器设计及实现[J]. 机械工程学报，55(4)：218-225.

杨灿军，张锋，陈燕虎，等，2015. 海底观测网接驳盒技术[J]. 机械工程学报，51(10)：172-179.

浙江大学发电教研组直流输电科研组，1982. 直流输电[M]. 北京：电力工业出版社.

CHEN Y H, YANG C J, LI D J, et al., 2012. Design and application of a junction box for cabled ocean observatories[J]. Marine Technology Society Journal, 46(3): 50-63.

CHEN Y H, YANG C J, LI D J, et al., 2012. Development of a direct current power system for a multi-node cabled ocean observatory system[J]. Journal of Zhejiang University Science C, 13(8): 613-623.

CHEN Y H, YANG C J, LI D J, et al., 2013. Study on 10 kV DC powered junction box for a cabled ocean observatory system[J]. China Ocean Engineering, 27(2): 265-275.

CHOUDHARY V, LEDEZMA E, AYYANAR R, et al., 2008. Fault tolerant circuit topology and control method for input-series and output-parallel modular DC-DC converters[J]. IEEE Transactions on Power Electronics, 23(1): 402-411.

FAVALI P, BERANZOLI L, DE SANTIS A, 2015. Seafloor observatories[M]. Berlin: Springer Berlin Heidelberg.

GIRI R, CHOUDHARY V, AYYANAR R, et al., 2006. Common-duty-ratio control of input-series connected modular DC-DC converters with active input voltage and load-current sharing[J]. IEEE Transactions on Industry Applications, 42(4): 1101-1111.

HOWE B M, KIRKHAM H, VORPÉRIAN V, 2002. Power system considerations for undersea observatories [J]. IEEE Journal of Oceanic Engineering, 27(2): 267-275.

HUANG Y H, TSE C K, RUAN X B, 2009. General control considerations for input-series connected DC/DC converters[J]. IEEE Transactions on Circuits and Systems I: Regular Papers, 56(6): 1286-1296.

LUO S G, BATARSEH I, 2005. A review of distributed power systems Part I: DC distributed power system [J]. IEEE Aerospace and Electronic Systems Magazine, 20(8): 5-16.

VORPERIAN V, 2007. Synthesis of medium voltage DC-to-DC converters from low-voltage, high-frequency PWM switching converters[J]. IEEE Transactions on Power Electronics, 22(5): 1619-1635.

ZHANG F, CHEN Y H, LI D J, et al., 2015. A double-node star network coastal ocean observatory[J]. Marine Technology Society Journal, 49(1): 59-70.

5 水下电能管理

5.1 概述

水下设备电能监控与故障诊断系统往往结合在一起，因为故障诊断很大程度上基于线路运行状态等监测数据完成，同时故障处理又需要通过电能监控系统的接驳控制环节来实现，故海底观测网的水下电能管理包含监控和故障诊断两方面。水下电能管理系统通常安装在接驳盒的密封腔内，主要功能如下。

5.1.1 负载电能接驳控制

负载电能供给的接驳是通过水下电能管理系统控制开关的开启与断开实现的。由于海底负载仪器的不确定性和可变性，如当 ROV 通过湿插拔接头接入新的用电设备，或者某一设备科考任务结束需要断电回收，这些情况都要求对所有下级电能负载接口线路做到远程可控。当工作任务有需求时，位于岸基站内的科研工作人员应能通过远程人机界面进行手动的电能分配。另一方面，当位于深海海底的接驳盒发生负载短路、过流或漏水等极端情况时，接驳盒将暴露在一种非常危险的境地，需要及时将电力通路断开，将其剥离整个主干网络，降低整个系统被破坏的可能性，最大限度地保护其他节点与主干网络的设备。因此，负载电能接驳与故障保护是相辅相成的两种功能，缺一不可。

5.1.2 运行状态监测

水下节点接驳盒距离岸基站至少数千米以上，位于远端岸基站的科研工作人员要想得知接驳盒的健康状态，需依靠实时、完备的数据采集与检测功能。这部分采集和检测工作具体可细分为各供电电路的电压、电流数据、各腔体内部的温度和湿度数据、漏水检测数据以及接地电阻检测数据。

1）电压、电流状态监测

海底接驳盒内部电路和外部负载运行时，其电压和电流状态是否正常是反映接驳盒运行是否处于正常状态的关键所在。为保证系统稳定运行，采用隔离传感器对线路电压和电流状态进行实时采集，监测接驳盒内外部用电线路的供电状态，并将采集到的状态信息经控制器分析处理后打包上传到电能监控与故障诊断系统上位机。

2）过压、欠压、过流、短路保护

海底接驳盒在对负载进行供电时，启动瞬间可能会引起电压电流冲击，断开瞬间也可能因负载感性或者容性带来瞬时过压或短期过流，而供电线路负载漏电、短路等故障也会使接驳盒的供电电压和电流瞬间产生急剧变化，这些电压和电流的冲击都可能对接驳线路造成损害，甚至影响到上级电路和设备的正常运行，因此接驳盒的电能监控与故障诊断处理需要实现远程电气保护，集中体现在对过压、欠压、过流和短路状况的抑制和保护的处理上。过压、欠压、过流和短路保护分两级：软件保护和硬件保护。一方面，监控系统主控核心实时采集并监测电压和电流值，当监测到的数据超出预设定的范围时，断开相应负载线路。电压、电流限值的设定可通过接收岸基运行监控与保障系统上位机发送的设置命令来修改。然而，软件的监测对过流、短路故障的快速抑制和响应速度难以满足安全要求，需要添加硬件抑制和保护电路来完成过流、短路的有效及迅速抑制，必要时切断、隔离故障线路以保护其他环节不受故障传播的影响。

3）温度、湿度和漏水状态监测

海底接驳盒内的电路模块种类繁多，为了减小密封腔体的体积，各模块的布局十分紧凑，密封腔体的散热条件十分局限，因此对于腔体温度监测是保证接驳盒内部器件在正常的环境条件下工作所必需的。每个模块的功率耗散不同，发热量也不同，且运行与待机等工作模式也不完全同步，因此需要建立多点温度测量，实时监测腔体内部关键发热点温度来实现环境温度的有效监测。

接驳盒腔体在两端盖处密封，在海底高压和腐蚀等恶劣的外部条件下其密封的可靠性在长期的运行中将受到影响和挑战；此外深海海底的各种异常扰动以及突发状况等也会影响到腔体的密封性，无论从透明运行的角度还是尽可能减少系统损坏的角度都要求对海底接驳盒的各腔体漏水进行检测。一般而言，温度、湿度和漏水相对于电压电流不是急剧变化的量，因此在实时监测的基础上，由岸基上位机进行故障限值设置和异常响应，减少下位机硬件主控系统的负荷。

4）接地故障检测

海底观测网正常运行时，主级接驳盒中压直流电输出以及次级接驳盒低压直流电输出的正负两条传输线相对于海底都是悬浮的。如果传输线缆出现绝缘性能下降而与海水或接驳盒腔体接触，导致相对海水阻抗过小的情况，称为接地故障。一方面接地电流会加速连接电缆与湿插拔接头等处的电化学腐蚀，使该器件的损坏速度大大增加，最终导致短路故障的发生；另一方面此时出现接地故障的供电线路相当于与高压直流单极传输系统的地极相连，甚至有威胁整个输电网络安全的可能。由于接地电阻降低会使供电电流增大，但此时又未到达报警阈值，系统无法通过电量状态检测出当前故障，因此需要直接检测两极导线分别相对于海水的电阻值。

5.1.3 异常处理与报警

接驳盒位于海底，时刻承受高压、高湿、海底生物、洋流和海底地震等各种未知因素影响，随时可能由于外部因素导致缆线及接口等异常，另外接驳盒内部元器件的老化、高温等内部因素也会影响整个系统的安全性能。因此，能否建立起完善的异常处理与报警机制，是接驳盒在海底进行长期、稳定科学探测的前提。

异常处理与报警应该在下位机和上位机两处设置两层处理和报警流程，同时设立故障、警告与信息三级报警与处理机制：例如，短路、过流、过压、漏水等情况在海底观测网中是非常危险的情况，轻则烧毁科学探测仪器，重则威胁整个观测网络的安全，该类情况定性为最高级异常——故障；又比如，当接地电阻值持续变小的情况发生时，可能该条供电线缆出现老化、外表面损坏等情况，或者接驳盒腔体内湿度持续增大，可能发生端盖、接头处渗水等情况，此类异常定性为第二级别异常——警告；若腔体内某处温度偏高，可能该处设备负载压力较大，升温明显，此类异常定义为第三级别异常。

电能监控与故障诊断系统需要在温度、湿度、漏水、接地以及电压、电流等环境状态参数监测的基础上，根据监测的值(尤其是电压、电流量)进行异常处理，以求在异常或故障发生时，第一时间完成相应的故障隔离、报警操作，实现接驳盒的自身保护。当第一级异常——故障在电能系统中发生时，通过人为干预是不可能达到高响应处理的，这就要求下位机在采集到相应参数后，在硬件上立即做出反应，切断该条供电线路，同时向岸基站上位机发出报警信息；第二级与第三级异常不需实时响应，但下位机需在采集到异常信息后第一时间传递给上位机，在上位机界面上醒目处指示报警信息，由岸基科研人员根据实际情况，进行异常处理流程。这样的分层、分级别的报警机制，可以在最大程度上保证异常处理的可靠性。

5.1.4 远程管理与数据处理

接驳盒位于海底，对于它们的管理工作只能通过远程实现。当下位机工作参数发生变化，需要远程更新程序功能；或者在全面了解接驳盒工作状态后，岸基科研工作人员可以合理分配接口任务，针对不同海域不同水深分别连接不同的科学仪器，为它们提供电能供给与网络传输通道。上述操作均需要电能监控与故障诊断系统远程控制接驳盒进行相关管理操作。

　　作为一个长期运行的系统，应该将其所采集到的所有状态变量数据进行持久化存储，保存到岸基数据信息管理及服务平台中，以便后期进行阶段性的数据处理与分析，从宏观上掌握接驳盒的工作状态与趋势。另外，接驳盒本身作为一种水下科考仪器，其发往岸基数据信息管理及服务平台的实时数据同时要上报发送到中央数据服务中心进行海底观测网数据汇总。

5.2　电能监控与故障诊断系统总体设计

　　电能监控与故障诊断系统分为上位机和下位机，二者通过网络 TCP/IP 通信协议连接，形成统一的整体。设计系统主体功能架构如图 5-1 所示。

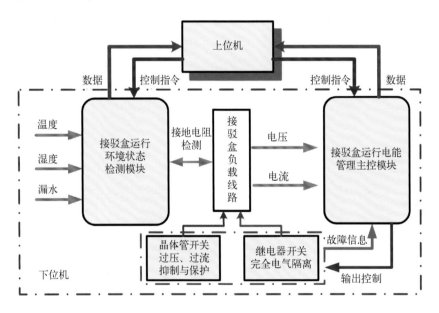

图 5-1　电能监控与故障诊断系统主体结构

5.2.1　上位机系统

　　上位机系统通常位于岸基站，属于岸基运行监控及保障系统的一部分。为便于控制管理，岸基上位机系统分为运行监控系统与故障诊断系统两部分，二者相对独立。运行监控部分一方面接收下位机上传的监测数据，包括电压、电流、温度、湿度、漏水以及接地电阻检测值等，转存入数据信息管理及服务平台，并进行在线展示；另一方面，向下位机发送控制指令，如线路通断、电能分配、接地检测和故障响应动作等。

故障诊断部分包括阈值判断和统计分析两部分，用于判断水下设备是否存在异常。当检测到故障信息时，以短信和邮件的形式向岸基工作人员发出故障警报。

岸基上位机通过 TCP/IP 协议与下位机进行通信。上位机通过安装组态通信软件，实现对下位机中央控制器的过程监视与控制功能，下位机的中央控制器可以通过以太网方便地将所监测到的数据发送到岸基上位机，并接受岸基传送过来的指令。位于岸基的人机界面应当具有良好的开放性、灵活性和可扩展性，当岸基上位机接收到下位机发回的数据后，可以自动将数据分类并结构化存入数据库服务器。同时上位机系统应该是分布式多用户的，可以在任何地点用任意计算机通过因特网浏览器以权限控制的方式访问到海底接驳盒网络并获取实时的运行监控数据，同时方便查询历史运行报表(图 5-2)。

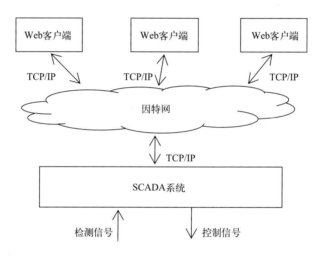

图 5-2　Web 客户端访问电能监控与故障诊断系统

5.2.2　下位机系统

下位机系统位于海底接驳盒中，以中央控制器为控制核心，以数据采样传感器和继电控制开关等为外围辅助设备，完成接驳盒状态数据的采集和外部负载的电能继电控制。为便于数据分类采集进而提高系统运行效率，下位机系统分为两个功能模块，即接驳盒运行环境状态监测模块和接驳盒电能管理主控模块。前者主要负责监测接驳盒腔体温度、湿度、漏水状态以及供电线路接地电阻检测；后者则完成对下级负载的供电电压、电流状态监测，并依此判断下级负载的电能供给状态，上位机系统发出的控制指令也由后者执行响应(图 5-3)。

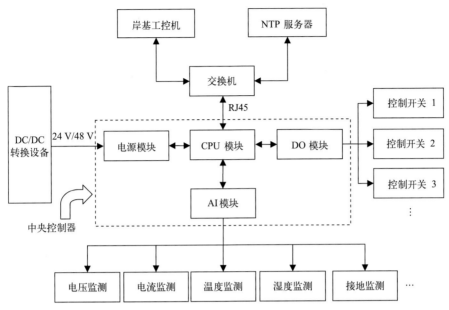

图 5-3　电能监控与故障诊断处理系统(下位机)

5.3　故障诊断原理与方法

5.3.1　故障类别

海底观测网水下设备发生故障的原因是多方面的,包括人员的误操作、设备及关键元器件的老化、设备的异常工作状态造成的设备寿命缩短等。根据故障发生时的特征,水下设备故障可分为功能故障、过压故障、欠压故障、过流故障、短路故障以及接地故障。

(1)功能故障。功能故障主要指水下设备由于多方面原因,不能完成期望的检测功能,甚至与岸基上位机系统失去通信连接等。此时该设备的供电正常,电量状态信息不能反映出该设备故障,只能通过岸基站操作人员来识别。

(2)过压故障。过压故障是指系统中的电能转换电路或模块由于部分元器件失效或者存在不正常发热等现象导致其参数发生变化,造成系统输出电压过高的现象。一方面,前端电能转换电路或模块工作在异常状态,长时间的异常工作可能造成电能转换模块损坏;另一方面,过高的电压供给可能对后端负载设备造成损坏。过压故障可以通过对负载的供电电压检测来进行故障识别。

(3)欠压故障。与过压故障一样,系统中电能转换电路或模块的异常可能导致系统输出电压欠压，另外当负载电流异常时，也可能拉低电能转换电路的输出电压。系统输出欠压时，后端负载设备不能正常工作。欠压故障可以通过对负载的供电电压检测来进行故障识别。

（4）过流故障。过流故障是指下级负载由于工作异常或者存在绝缘电阻失效的情况下，供电电压保持不变，供电电流超过正常工作的额定电流值，且超过系统所允许的过负荷时间。在海底观测网中，当负载电流大于 7 A，且持续时间超过 1 ms 时，系统判定为过流故障。过流故障可以通过对负载供电电流的检测来进行故障识别。

（5）短路故障。短路故障是过流故障的极端表现形式，由于用于电能传输的两根供电导体之间直接发生短路或者通过弧光放电导致短路，此时电流在极短的时间内上升到极大的值。短路故障与过流故障的区别在于，故障电流的等级以及故障电流所允许的持续时间不同。在海底观测网中，当负载电流大于 40 A，且持续时间超过 10 us 时，系统即判定为短路故障。短路故障属于比较危险的电路故障，任何一路负载的短路故障都可能引起整个系统的失效，必须及时进行故障隔离。短路故障可以通过对负载供电电流的检测来进行故障识别。

（6）接地故障。接地故障主要指用于水下设备之间连接的传输线缆与海水之间的绝缘性能下降，导致相对海水阻抗过小的情况。此时，传输线缆的导体与海水之间存在漏电流，一方面，漏电流会加速传输线缆或水下接插件等处的电化学腐蚀，使该器件的损坏速度大大加快，最终导致短路故障的发生；另一方面，此时出现接地故障的供电回路相当于与高压直流单极传输系统的地极相连，可能威胁整个输电网络的安全。接地电阻的降低在初始阶段是一个缓慢的过程，此时接地电阻较大，漏电流较小，在负载电流上反映不出来，可以通过直接检测两条传输线缆与海水之间的电阻值来进行故障识别。

5.3.2　故障诊断原理

任何一个水下设备出现故障都可能对整个系统的正常供电造成影响，水下设备的故障诊断主要结合水下设备的供电电压、供电电流以及接地电阻等电量信息的监测来实现，具体可以归纳为三种故障诊断模式，即通信判断、阈值判断和电量统计分析。

5.3.2.1　通信判断

当水下设备出现功能故障时，其表现形式为供电电压正常，但是岸基上位机与水下设备失去通信连接。此时通信连接作为水下设备是否出现功能故障的一个判断依据。

另外，由于海底观测网通信系统的建立依赖于供电系统的特点，当水下设备出现故障时，该设备自身的状态监测系统失效，即下级设备的故障由上级设备监测与发出警报。例如，终端设备的故障由次级接驳盒监测与发出警报，而次级接驳盒的故障则由主级接驳盒监测与发出警报。由于主级接驳盒的上级不存在水下设备，水下节点的通信在主级接驳盒建立，因此主级接驳盒的工作状态只能通过通信连接正常与否来表示。

5.3.2.2　阈值判断

阈值判断的原理是根据监测到的电量信息是否超出预设的电量阈值(高限或低限)范围，来判断相关设备是否发生故障。阈值判断是海底观测网水下设备故障诊断的主要判断模式。海底观测网水下设备的过压、欠压、过流、短路以及接地故障的故障诊断，都是通过检测水下设备的电压、电流、接地电阻值来进行判断的，当某个电量检测值超过所设的阈值时(高限或者低限)，就判断水下设备发生哪种故障。

在实际操作中，根据故障对系统的危害情况，可以设立多级故障阈值。因此，水下设备故障又可以分为系统性故障和一般性故障。系统性故障对于系统而言是破坏性的，此时系统的一些电量状态已经远远超过系统正常工作的范围，如果不及时处理，可能引起整个系统的崩溃。一般性故障是指由于一些客观原因如人员误操作等，系统的电压、电流或者接地电阻发生异常变化。虽然监测变量不超过系统性故障的阈值，如果长时间不处理，最终可能发展为系统性故障。由于接地电阻的阻值变化是一个缓慢的过程，因此系统性故障不包括接地故障。

系统性故障的阈值一般基于对电路或设备的可靠性分析确定，是固定不变的。在系统性故障阈值范围内，可以根据人为要求设置多级一般性故障阈值，针对不同阈值采用不同的应对策略。

系统性故障可能在极短的时间内，对系统造成破坏，因此必须立即对故障进行隔离，这类故障由硬件电路或下位机直接完成，整个过程操作人员不参与。当故障被隔离后，故障信号会被下位机锁存，并发送给上位机，由上位机发出故障警报。不同类型的故障，其故障响应方式、响应时间均不同，具体见表5-1系统性故障响应策略。

表5-1　系统性故障响应策略

故障类型	故障响应时间要求	故障响应方式
过压故障	毫秒级	控制器检测响应
欠压故障	毫秒级	控制器检测响应
过流故障	毫秒级	硬件电路响应控制
短路故障	微秒级	硬件电路响应控制

一般性故障的设定是对系统性故障的预防，该故障由上位机系统判定，当发生一般性故障时，上位机系统向操作人员发出故障警报，由操作人员决定是否发出控制命令对故障设备进行故障隔离。

5.3.2.3 电量统计分析

电量统计分析是对水下设备运行一段时间内的电量状态信息进行统计分析，依此判断系统的工作状态。实际操作中，主要对水下设备的供电电压、供电电流的电量数据进行统计分析，分析方法包括时间统计分析和概率统计分析。

(1)时间统计分析。根据水下设备正常运行一段时间后所得到的相关特征量的运行图谱，将最近一段时间(一个小时、数个小时或者一天)的相关特征量图谱与之进行相关性分析比较，但如果二者的相关性较小，即使没有发生阈值判断警报，也可以据此发出故障预警。

(2)概率统计分析。对一段时间内，系统某特征量的值进行概率密度统计，分析该特征量在不同区间内出现的概率密度，据此判断水下设备的工作模式。

电量统计分析主要作为一个辅助统计分析工具供岸基站操作人员使用，由于不同水下设备的工作功耗以及工作模式不同，因此，该故障诊断模式不是自动的，需要岸基站操作人员根据实际情况人工干预与控制。

5.4 故障隔离方法

水下设备的故障隔离通过上级设备的接驳电路来实现，由于主级接驳盒不存在上级设备，主级接驳盒的故障隔离通过水下分支器隔离支缆来实现，水下设备的故障隔离对象主要为次级接驳盒和终端设备。

如图 5-4 所示为中压 375 V 与低压 48 V 的电能接驳保护电路的示意图。电能接驳电路的控制器，一方面周期性地对电压、电流、接地电阻等电量信息进行检测，识别电路中的系统性故障(过压、欠压)，监测电路发出的过流、短路系统性故障信号；另一方面，发出驱动信号，控制接驳电路的通断。控制器自身的采样频率最快一般为 100 Hz，其故障响应速度不能满足系统性故障中过流故障(1 ms)和短路故障(10 μs)的响应速度，因此过流故障和短路故障的响应由接驳电路中高速采样保护芯片来完成。

由于海底观测网为直流供电，为了避免直流电路隔断时，继电器发生的拉弧放电现象，负载接驳电路采用功率半导体开关器件管(开关速度快、驱动功率小)与机械继电器串联的方式来实现，由半导体开关器件实现电能线路的快速通断，机械继电器实现彻底的电气隔离。

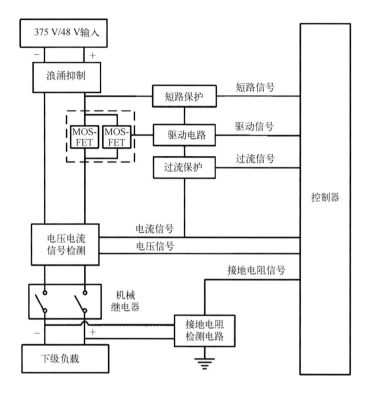

图 5-4　水下设备接驳电路结构图

5.5　基于单片机的监控系统

电能监控与故障诊断系统的控制核心是下位机的中央控制器，系统控制核心完成对各状态量的监测以及执行上位机的控制指令。海底接驳盒中的电能监控系统，需要监测的量包括负载线路电压、电流、接地电阻、温度、湿度、漏水等状态数据，其中电压、电流、接地电阻、温度、湿度、漏水等数据为模拟量，执行上位机控制命令并进行故障状态反馈及 I/O 口的操作均为数字量。

电能监控与故障诊断系统可采用基于单片机的监控系统，具有以下优点：①实时性好，运行速度快。单片机系统一般采用汇编语言或 C 语言进行编程，代码执行速度快，效率高；②成本低，使用简单，一般可以通过按键操作，显示方式则有数码管或液晶屏等。

当然，同样也存在一定的缺点：①故障查找较难，可维护性差。当单片机系统发生故障时，软件和硬件故障都较难查找，维护性差；②通用性差，设计难度大，开发周期长。从单片机硬件组成来说，是由各种芯片、分立元件和PCB板组成的，成本较低。但是在硬件和软件设计方面，又有极强的针对性，使得通用性差，且设计难度增加，开发试验周期长，不仅要保证所要达到的功能，还要求性能稳定。

5.5.1 ARM嵌入式系统

嵌入式系统是以应用为中心，软件和硬件可裁剪，适用于对功能、可靠性、成本、体积及功耗等综合性严格要求的专用计算机系统。嵌入式系统主要有以下几方面特点。

(1)嵌入式的CPU普遍工作在特定用户群体设计的系统当中，具有低功耗、小体积和高集成度等特点，把通用型CPU中许多由板卡完成的任务集成在芯片内部，从而有利于嵌入式系统设计趋于小型化，大大增加了设备的移动能力，与网络的耦合也越来越紧密。

(2)嵌入式系统是将半导体技术、电子技术和计算机技术与各行业的实际应用相结合的产物，是一门综合性技术。由于设计空间和资源的约束，必须高效地设计嵌入式系统的软件和硬件，实现在同样的芯片面积上具有更高的性能，这样才能提高嵌入式处理器在实际应用中的竞争力。

(3)嵌入式系统往往根据实际的应用设计软件和硬件，它的更新也要和实际应用同步进行，因此嵌入式产品的软硬件具有较长的生命周期。

(4)为了提高执行速度和系统可靠性，嵌入式系统中的程序都是固化在存储器芯片或单片机本身中，而不是通过磁盘等外部设备进行存储的。

考虑到海底接驳盒安装腔体空间的局限，以及功耗和处理速度、工作环境要求等因素，电能监控与故障诊断系统可选用体积小、功耗低、处理速度快的单片机作为嵌入式系统主控核心。

ARM处理器是单片机的一种，是Acorn公司面向低预算市场设计的第一款RISC微处理器，称作Acorn RISC Machine。ARM处理器本身是32位设计，也配备16位指令集，一般来讲，比等价32位代码节省了35%，却能保留32位系统的所有优势。

ARM处理器可搭载嵌入式操作系统，如Linux、WinCE、μCOS等，此时下位机可以基于这些操作系统进行设计，具有强大的多任务处理、高速实时监测能力、良好的人机界面程序设计方案等。不同的ARM处理器能够针对不同的场合集成很多功能，例如支持TCP/IP的网络控制器的集成，多路高速的AD、DA采样硬件，RS232、SPI、UART等多种高速传输I/O口设计，使得针对ARM处理器的数据采集、信息通信和处理变得十分方便和强大(图5-5)。

针对水下观测网络接驳盒下位机的控制器部分，其主要任务是完成各种数据采集和处理、数据打包通信等工作，并且整个控制器位于水下环境，要求具有高稳定性和低功率的特点。此外，整个系统需要高实时性，这就要求处理核心具有较高的处理能力和响应速度。综上所述，基于 ARM 的嵌入式系统针对这种场合具有很高的适应性。

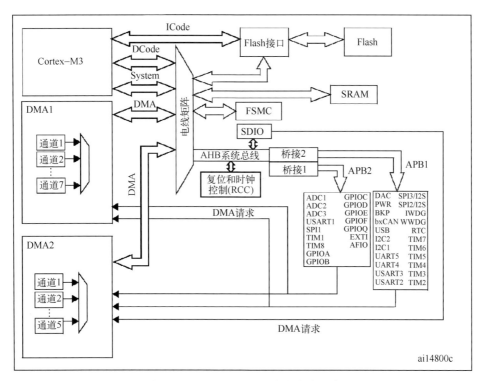

图 5-5 ARM 处理器内核结构框架示例

ARM 处理器具有低功耗和高度封装的特点，同时，其处理能力满足接驳盒数据采集与监控系统的要求。此外，目前的 ARM 处理器本身集成了丰富的硬件接口，支持高速网络通信，简化了处理器外围硬件电路设计。接驳盒工作于水下环境，需要一个运行在岸基上的人机交互软件才能完成整个数据的显示和远程控制的功能。

考虑到系统的 I/O 口以及通信需求，主控板的控制芯片选择 STM32F107 系列即可满足。芯片采用 32 位微控制器，并且使用 Cortex-M3 内核，该内核是专门设计与满足集高性能、低功耗、实时应用、具有竞争性价格于一体的嵌入式领域的要求。芯片内部集成了一个 8 MHz 的 RC 振荡电路产生的时钟，当无外部时钟时，芯片会自动运行内部时钟，但是内部时钟没有精准的频率和波形，当运行较大程序或者对时序要求高的通信时，必须使用外部晶振产生的 25 MHz 的精确时钟信号。芯片内部对输入时钟进行分频与倍频操作，产生不同的频率供不同硬件使用。芯片运行的最高速度达到 72 MHz，I/O 口的最大输入输出频率可达 50 MHz。在 ARM 控制板设计中通过加入 JTAG 接口，实现了对芯片的测试和在线编程，相对于串口下载的方式大大提高了程序的下载速度，方便实现程序在线仿真，缩短程序的开发周期。

5.5.2 总体设计方案

海底观测网电能监控与故障诊断系统主要关注海底接驳盒的运行监控与故障诊断处理，以 ARM 处理器作为控制核心的电能监控与故障诊断系统，主体功能架构如图 5-6 所示。

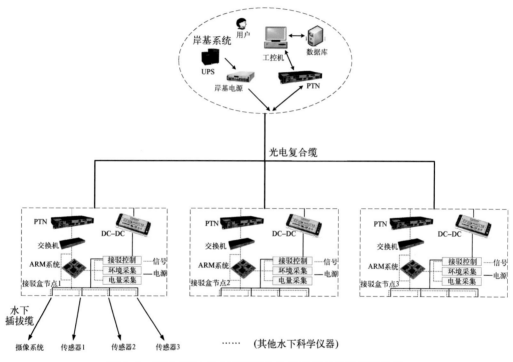

图 5-6 基于 ARM 的水下接驳盒数据采集与监控系统构架

为便于控制管理，岸基上位机软件将接驳盒运行监控与故障诊断分开设计，相对独立(图 5-7)。运行监控部分直接与下位机网络和岸基数据服务器连接，一方面接收下位机上传的监测数据，包括电压、电流、温度、湿度、漏水以及接地检测值等，并对这些数据进行分析处理，检验数据合理性；另一方面将采集到的各数据汇总，发往数据信息管理及服务平台进行存储。监控系统将采集到的数据判断出异常或故障的，则传递给故障诊断系统，对这些异常数据进行统计和界面显示，方便岸基站的工作人员处理。运行监控系统向下位机发送控制指令，如线路接驳、电能分配、接地检测、故障响应动作等指令，以及对下位机各模块的远程初始化设置等。

系统下位机位于海底接驳盒控制腔体中，为便于数据分类采集和提高系统运行效率，每个接驳盒中该系统分为两部分：接驳盒运行环境状态监测系统和接驳盒运行电能监控主控系统(图5-7)。前者主要负责监测接驳盒腔体温度、湿度、漏水状态以及供电线路接地故障检测；后者则完成对供电线路的电压、电流状态监测，并依此判断传感器平台的电能供给状态，除接地检测外的其他控制指令也由后者执行响应动作。两者均通过串口/网络模块与上位机进行通信，每个串口/网络模块由上位机分配一个IP地址。对接驳盒负载线路的接驳控制通过晶体管开关和机械继电器串联的方式实现，晶体管开关环节能快速通断线路，减少瞬态浪涌，并在驱动电路中集成过压、过流的抑制和保护功能实现故障反馈；机械继电器反应较为迟缓，在海底观测网中的主要优势在于能够实现完全的电气隔离。

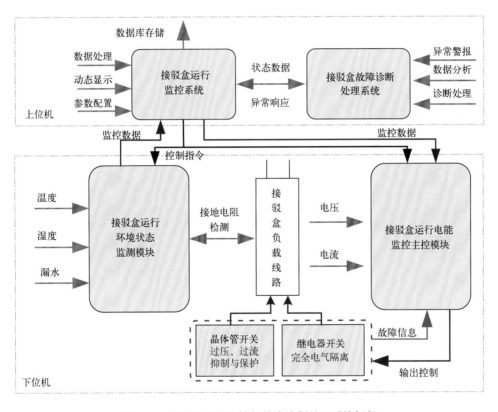

图5-7　接驳盒运行监控与故障诊断处理系统框架

由于接驳盒有主级接驳盒和次级接驳盒之分，主次接驳盒的电能供给状态不同，接驳盒运行监控与故障诊断处理系统在两者中的应用具体方式也有所不同，次级接驳盒中的运行监控与故障诊断处理系统的实现方式如图5-8所示。

接驳盒控制腔内首先把来自电源转换腔供给的电能转换，以便供电能监控系统以及外围模块使用。实时测量的各路模拟信号通过 ARM 处理器集成的 ADC 进行转换采样，ARM 处理器的 I/O 端口状态反映了接驳线路的通断状态以及故障指示，以上数据经处理汇总后按自定义的数据包格式以 1 次/s 的频率经 UART 串口不间断发送，然后通过串口/以太网模块接入交换机；上位机发送的命令经串口/以太网模块转换后进入系统 ARM 控制器，经数据解析后通过 I/O 端口输出接驳驱动信号。负载接驳与保护模块、电量采集电路模块以及接地故障检测电路模块位于负载供电线上，如图 5-8 中 S 部分。低压接驳采用功率半导体开关器件与机械继电器联合实现。电压和电流的采集采用以电量隔离传感器为核心的检测电路，监测信号进入电能监控主控系统 ARM 处理器；电量检测反馈信号经 ARM 处理器软件诊断和电路硬件诊断相结合的方式，实现故障状态的迅速有效处理。腔体温度采用数字温度传感器检测，每个腔体最多可采集 8 路温度，分别接入环境监测系统 ARM 处理器。漏水检测通过安装于接驳盒密封腔体两端盖处的检测电路，将漏水与否以及严重程度转换为模拟信号进入环境监测系统 ARM 处理器。

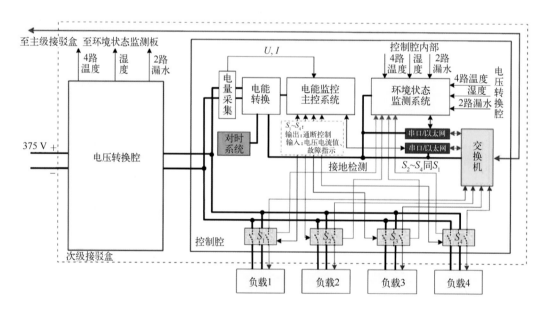

图 5-8 次级接驳盒运行监控与故障诊断处理系统(下位机)

5.5.3 网络通信模块

接驳盒布放于海底，稳定有效的数据通信是海底接驳盒同上位机交互的必要条件。数据流在主干缆光纤以及支缆铜导线中传输，经交换机等路由设备实现信号路由，这些都是建立在以太网通信基础上的。而接驳盒运行监控与故障诊断处理系统的下位机是基于单片机核心的硬件系统，为便于数据通信，设计采用串口通信方式，经串口转网络模块转换，实现 RS232 和以太网之间的协议转换，串口转网络模块输出以太网信号到交换机，完成与通信线路的对接。每个串口转网络模块对于上位机来说是一个 TCP 服务器，以 TCP/IP 协议进行通信，每个模块分配一个 IP，使上位机能方便地定位到某个特定模块对应的下位机系统。下位机单片机核心采集到的数据经处理打包，以自定义协议，每秒上传一次数据(图 5-9)。

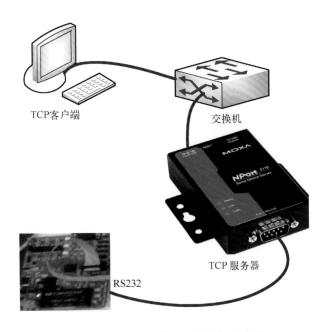

图 5-9　串口服务模块工作连接示意图

STM32 微控制器内部集成了高性能的以太网模块，提供支持 IEEE-802.3-2002 的介质访问控制器用于以太网通信。控制芯片中的网络控制器(MAC)要实现以太网通信功能，还需要一个物理层接口(PHY)设备，通过一个介质无关端口(MII)实现连接，其内部的结构连接如图 5-10 所示。图 5-10 中左侧表示微控制器内部以太网模块的数据传输，MAC 信号和相应的 MII/RMII 接口配置引脚连接，DMA 控制器通过 AHB 从接口连接，AHB 主接口控制数据传输，AHB 从接口访问控制和状态寄存器空间。传送给 MAC 控制器的数据是 FIFO 缓冲器通过 DMA 将数据从系统总线发送到系统内存上的。以太网的外围设备还包含了一个栈管理接口与外部物理层接口连接，用户能够选择不同的传输模式和功能配置寄存器来匹配 MAC 和 DMA 控制器。

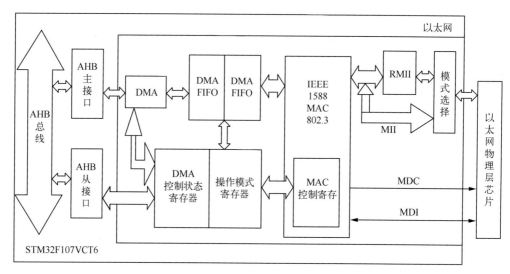

图 5-10　微控制器以太网模块内部结构和连接图

5.6　基于 PLC 的监控系统

PLC 即可编程序控制器，是单片机控制系统的一个产品。PLC 由最初的顺序控制而不断发展，通过组合不同的模块，完成各种各样的功能，如模拟量输入和输出、伺服控制、上位机通信等。水下设备电能监控与故障诊断系统也可采用基于 PLC 的监控系统，相对于基于单片机的监控系统，其具有更多的优点：①可以完成基本的继电器逻辑电路控制系统，且具有体积小、控制量大、无触点开关等特点，完全可以代替现有的继电器系统，实现直接对电气元件的控制；②故障率低，坚固耐用。由于 PLC 是由集成电路及微型继电器等构成的，结构紧凑且相对封闭，产品定型后自身一般不易发生故障，坚固耐用；③故障查找容易，电路更改简单。PLC 的各输入口和输出口的状态均由发光二极管加以指示，在调试或查找故障时，可以通过状态指示灯查找外围电路的故障，而在与上位机联机后，加上相应的编程软件，使得故障查找更加容易，对电路进行更改时，仅通过编程就可以实现，简单方便；④编程简单，开发周期短，通用性好。

5.6.1　PLC 系统组态

数据采集与监视控制系统被广泛应用于电力系统中，是一种以计算机为基础，对现场的运行设备进行监视和控制，以实现数据采集、设备控制、测量、参数调节以及各类信号报警等各项功能的生产过程控制与调度自动化系统（图 5-11）。将 SCADA 系统应用到海底观测网接驳技术中，可以实现电能管理、数据采集与监控等一系列的功能，并在一定程度上保证了其稳定性与可靠性。

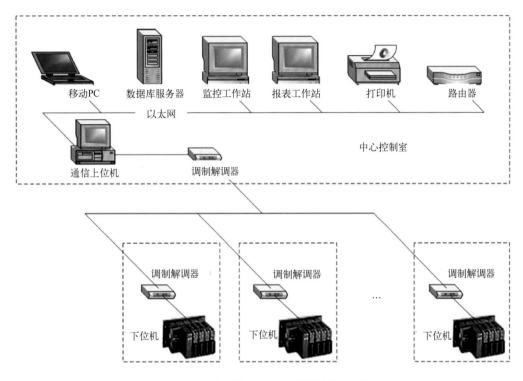

图 5-11 典型的 SCADA 系统硬件配置图

数据采集与监视控制系统从组成层次上可以分为三个部分：①下位机部分，由数量众多的节点组成，该部分通常选用远程终端（RTU）、可编程序控制器、智能仪表和可编程自动化控制器（PAC）等智能设备；②上位机部分，即人机界面与监控管理系统，可以是服务器、PC 或者触摸屏等设备；③上位机和下位机各系统内部连接与系统间互联的数据通信网络。

PLC 系统采用模块化的积木式组装设计，非常便于现场安装与接线工作，后期也可以很方便地通过增减模块进行灵活升级。梯形图是 PLC 软件设计上的一大特色，这继承于早期的继电器控制电路设计思想，因此电气工作人员可以很容易地接收这种编程方式，并且图形化的编程方式直观易懂，利于后期程序的修改或重构。另外，PLC 具有强大的自诊断功能，通过调用对应的功能块可以查看当前工作状态、发现故障点，通过替换故障模块的方法即可使系统恢复正常，继续工作任务。

PLC 在硬件和软件层面均具有极高的可靠性。PLC 生产工艺、出厂 EMC 检测均十分严格，MTBF 通常在 30 万小时以上，具有耐冲击、耐振动、耐热和防潮等特点；在软件方面，PLC 采用了串行工作方式，一个时刻 CPU 只能执行一条指令，工作周期开始后读入输入映象区的 I/O 状态，经过扫描顺序执行梯形图指令，在扫描结束后再一次性刷新输出映象区。该执行方式循环进行，可以避免外部控制的继电器触点竞争和时序失配问题(图 5-12)。

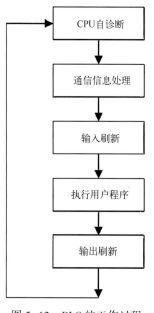

图 5-12　PLC 的工作过程

的密闭环境与紧凑结构。

此外，PLC 具有强大的扩展功能，通过选配特定的硬件功能模块，可以基本满足所有工业上的数据采集与控制需求，并且可以很方便地通过上位机人机界面进行动态实时显示、报警和记录数据。采用 PLC 系统作为主控制器，配合各家厂商提供的通信解决方案，可以快捷地搭建起稳定的工控通信网络，易于远程实时监控。

正是因为 PLC 控制系统有着这些优点，其在工业生产领域得到了广泛使用，越来越多的 SCADA 系统也开始选用 PLC 作为下位机节点，来进行高效、可靠的数据采集与监控任务。

西门子公司的 SIMATIC S7—300 系列 PLC 是工业控制中常用的中型 PLC 系统(图5-13)，该系统有大量可实现各种采集和控制任务的硬件模块，搭配灵活方便；工业组网能力较小型 PLC 系列大大增强，通过成熟的工业控制网络解决方案，可以迅速搭建起多 I/O 的分布式控制系统。另外，该系列 PLC 采用无风扇设计的结构，可以很好地适应接驳盒控制腔体

图 5-13　西门子 SIMATIC S7—300 系列 PLC

CPU 模块处于 PLC 乃至数据采集与监视控制系统的核心地位。所有用户程序都将在编译查错后送到 CPU 模块的指令执行与运算单元进行处理，同时检查各硬件模块与软元件的工作状态。为了同时兼顾处理速度与网络通信以及 NTP 网络时间同步的要求，PLC 系统中 CPU 模块的单指令处理速度最快可达 0.05 μs，对二进制和浮点数运算具有较

高的处理能力；集成了通信模块和两个 PROFINET 接口(RJ-45)，通过工业以太网可建立集中式 I/O 或者分布式 I/O 结构，支持 NTP 网络时间同步功能，工作存储器(内置)容量为 384 KB，装载存储器(可插拔)最大为 8 MB，具有 256 个定时器以及 256 个计数器。

根据模拟量采集要求，主级接驳盒共有模拟输入 30 路，次级接驳盒共有模拟输入 28 路，测量精度要求达到满量程的±5%，选用 SM331 模拟量输入模块，其单个模块共有 8 点模拟量输入，每两个点组成一个通道，通道与通道之间均有光耦隔离；采用积分式测量原理，采样周期可设置 60/55 ms，选用电压测量时误差精度达±0.6%，电流测量时误差精度达±0.5%。PLC 系统中模块的选择原则应该保留预期点数的 20% 作为余量，但是考虑到接驳盒腔体内部空间有限，暂不做余量保留，选用 4×SM331 模拟量模块，共 4×8＝32 路模拟量输入，均可满足主级接驳盒和次级接驳盒的需求。

数字量输入主要用来接受其他电路判断并发送的过流、过压或者过温信号。这部分所需的测量点数不多，选择数字量输入模块 SM321，单模块有 16 个数字量输入点数，可满足主级接驳盒或者次级接驳盒的需求。

对于数字量输出信号，主、次级接驳盒均需 20 路，这其中既有对继电器、半导体开关器件等开关的控制也有对外围电路板中相应电路的控制，为了兼顾空间占用与控制要求，选择晶体管型数字量输出模块 SM322，其单模块有 32 点数字量输出，输出"1"信号为 23.2 V，每 8 个输出点构成一个通道，通道与通道之间采用了光电隔离。

PLC 系统整体硬件安装后尺寸为 $W×H×D$ ＝380 mm×125 mm×130 mm，图 5-14 所示是 PLC 控制系统的安装尺寸示意图。通过硬件组态选型发现，主、次级接驳盒的运行监控和保障系统主要功能相似，I/O 点数需求相近，最后的硬件组态在模块选择上是一致的。

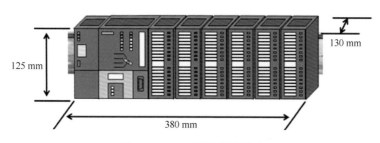

图 5-14　PLC 系统安装尺寸

考虑到接驳盒内部空间的局限性，不适合直接选用工业传感器连线接到 PLC 模块上的方式。为了完成 PLC 系统的数据采集和控制任务，还需要一系列外围辅助电路模块，用来安装传感器、控制器件、线缆接头和实现必要的故障保护与光耦隔离。根据采集数据和控制任务的不同，将外围电路板划分为环境监测电路、继电控制电路和接地故障检测电路三大模块。

在 PLC 数据采集与监视控制系统中，环境状态监测电路主要用来检测主级接驳盒中电源腔的电压、电流、温度以及控制腔内的电压、电流、温度、湿度和漏水情况；负载继电控制电路用来完成检测次级接驳盒中输入端电压、电流以及实现次级接驳盒的电能通断与故障保护任务；接地故障检测电路用来检测下级接驳盒的接地电阻阻值和故障警示。

5.6.2 总体设计方案

基于 PLC 系统的海底接驳盒的数据采集与监视控制系统从硬件组成上主要分为下位机与上位机两部分，下位机部分包括 PLC 中央控制系统、外围采集控制电路以及关联传感器等部分，主要位于海底接驳盒内；上位机部分包括位于岸基机房内的工控机、数据服务器以及附属设备(如 UPS 不间断电源)等部分。同时由于主、次接驳盒内的供电电压以及工作任务的不同，每套下位机 PLC 系统又可分为主级接驳盒版本与次级接驳盒版本。PLC 系统网络总体方案如图 5-15 所示。

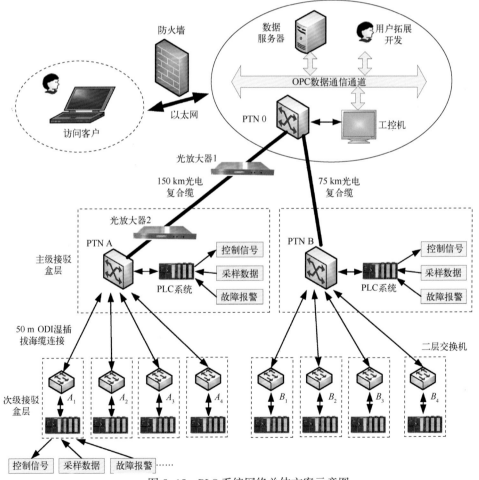

图 5-15 PLC 系统网络总体方案示意图

如图 5-15 所示，位于主级接驳盒内的 PLC 控制系统通过 6 类非屏蔽双绞线（CAT6）与分组传送网（packet transport network，PTN）设备相连，该系统所负责的任务主要分为控制电能通断、采样运行数据和紧急故障处理与报警三部分功能。PLC 系统的网络信号通过 PTN 连接的光放大器，经过 150 km 光电复合缆与位于岸基的光放大器与 PTN 相连；位于次级接驳盒内的 PLC 控制系统也通过 6 类非屏蔽双绞线与二层交换机相连，每 4 个次级接驳盒通过湿插拔海缆将各自内部的二层交换机与其上层 PTN 相连。这样两个主级接驳盒与 8 个次级接驳盒就形成了一张树形分布式控制网络，每个接驳盒都可以单独向岸基汇报工作状态并接受上级指令，每个节点能保证相对的独立性。

单一接驳盒内部的 PLC 系统下位机的主要功能包括电能分配与通断控制，各路电压电流监测，各腔体多路温度、湿度、漏水、压力状态监测，输出接地故障检测，异常报警与处理，过压、过流保护，数据通信等。其中下位机部分又包括位于主级接驳盒中的监控与保障系统和位于次级接驳盒中的监控与保障系统。主、次级接驳盒的运行监控和保障系统主要功能相似，但需要监控的状态量和控制的开关量的数量有所不同。

电能监控与故障诊断系统下位机以 PLC 作为控制核心，可以实现电能分配与通断控制，各路电压、电流监测，各腔体多路温度、湿度、漏水、压力状态监测，输出接地故障检测，异常报警与处理，过压过流保护，数据通信等主要功能。其中，位于次级接驳盒中的 PLC 系统的功能要求如图 5-16 所示。

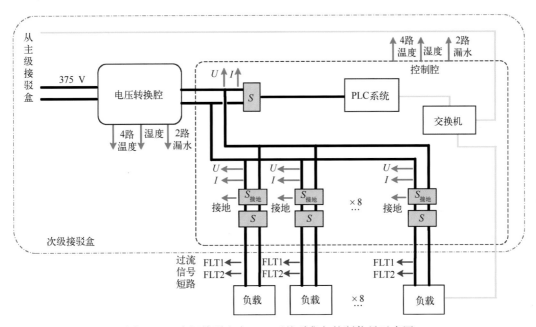

图 5-16　次级接驳盒中 PLC 系统采集与控制信号示意图

在图5-16中，从主级接驳盒输出的一路中压进入次级接驳盒的电压转换腔，转换为9路低压直流电能输入次级接驳盒控制腔体中，其中1路低压给控制腔内的内部负载使用，其他8路供给下级科学设备仪器；网络信号直接在主级接驳盒中转换为电信号，通过湿插拔电缆输入到次级接驳盒控制腔体中的交换机，再分配给下级的科学设备仪器。对于次级接驳盒的电压转换腔体，需要检测4路温度、湿度和两端端盖处的漏水等模拟信号；对于次级接驳盒的控制腔体，需检测输入电压、电流，4路输出到负载的电压、电流、接地电阻阻值，内部的4路温度、湿度、2路漏水等模拟量信号。与主级接驳盒类似，次级接驳盒也需要检测4路负载的过流和短路数字信号，并能提供清除故障锁存信息的数字量输出信号。

5.6.3　网络通信模块

基于PLC的海底接驳盒数据采集与监视控制系统的软件架构分为下位机部分与上位机部分：下位机软件运行在PLC主控单元上，主要负责底层的数据采集和转换，下级负载接驳控制和故障自保护等功能；上位机软件运行在位于岸基站内的工控机以及数据库服务器等基于X86平台的计算机上，实现远程人机界面展示、远程控制、数据归档入库、故障报警以及远程发布等功能(图5-17)。

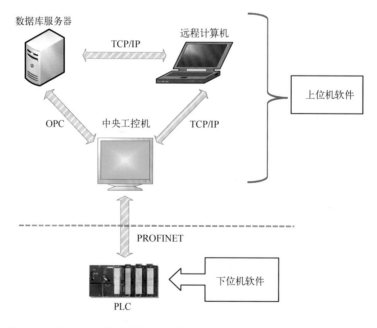

图5-17　基于PLC的海底接驳盒数据采集与监视控制系统软件运行载体

PROFINET 由 PROFIBUS 国际组织（PROFIBUS International，PI）推出，是新一代基于工业以太网技术的自动化总线标准。作为一项战略性的技术创新，PROFINET 为自动化通信领域提供了一个完整的网络解决方案，囊括了诸如实时以太网、运动控制、分布式自动化、故障安全以及网络安全等当前自动化领域的热点话题，并且作为跨供应商的技术，可以完全兼容工业以太网和现有的现场总线（如 PROFIBUS）技术。

根据响应时间的不同，PROFINET 支持下列三种通信方式：TCP/IP 标准通信、实时（RT）通信和同步实时（Isochronous Real-Time，IRT）通信。这里我们使用 TCP/IP 标准。TCP/IP 是 IT 领域关于通信协议方面事实上的标准，尽管其响应时间大概在 100 ms 的量级，不过，对于工厂控制级的应用来说，这个响应时间足够了。

PLC 与岸基工控机通信采用由 PROFIBUS 国际组织推出的新一代基于工业以太网技术的自动化总线标准——PROFINET 协议，所有检测数据经 PLC 或嵌入式 PC 系统检测，根据其内部已经封装好的 PROFINET 组态标准，利用 TCP/IP 标准通信上传到上位机，供上位机软件进一步分析诊断。众所周知，工业控制系统正由分散式自动化向分布式自动化演进，因此，SIMATIC PLC 开发时将具有独立工作能力的硬件模块抽象成为一个封装好的组件，各组件间可以采用 PROFINET 连接方式。各组件间的通信通过图形化组态的方式实现，不需要另外编程，可以极大地简化系统配置和调试过程。选用这种模块化的设计模式最显著的优点是，当控制节点增加或者网络拓扑发生变化时，不会花费较大的开发成本去重新组建上位机和下位机网络通信，这样使整个系统具有良好的柔性和可扩展性。

普通 TCP/IP 的响应时间大概在 100 ms 的量级，对于传感器和执行器设备之间的数据交换，这个量级的响应时间远远没有达到理想的标准。因此，PROFINET 在 TCP/IP 标准协议栈的基础上，开发了一个优化的、封装在以太网二层（Layer 2）的实时通信通道，从而极大地减少了数据在通信栈中的处理时间，甚至于在采用 IRT 技术后，可以达到在 100 个节点下，响应时间小于 1 ms，抖动误差小于 1 μs 的高速通信响应标准。

中央工控机与岸基数据库服务器之间通过对象链接与嵌入（OPC）技术进行数据交换，通过建立一个长期数据归档服务器，可以将接驳盒系统长期的运行数据持久化，便于宏观时间维度上对接驳盒的运行状态进行定量的分析。而中央工控机上只保存短期的归档数据，这样岸基站科研人员可以迅速从人机界面上查询到最近的接驳盒状态或者故障信息。外围的远程计算机通过标准的 TCP/IP 协议，既可以访问到归档数据库服务器中的运行数据，也可以以浏览器为容器进行远程监视。

参考文献

杨灿军, 张锋, 陈燕虎, 等, 2015. 海底观测网接驳盒技术[J]. 机械工程学报, 51(10): 172-179.

陈鹰, 杨灿军, 陶春辉, 等, 2006. 海底观测系统[M]. 北京: 海洋出版社.

李晨, 2015. 基于 PLC 的海底接驳盒数据采集与监测系统研究[D]. 杭州: 浙江大学.

林东东, 2011. 海底接驳盒运行监控与管理系统研究[D]. 杭州: 浙江大学.

裴跃飞, 2013. 海底观测网络远程电能故障诊断与处理研究[D]. 杭州: 浙江大学.

王晨, 2015. 基于嵌入式 PC 的海底观测网多节点电能管理与远程监控系统研究[D]. 杭州: 浙江大学.

张志峰, 2017. 海底观测网故障诊断与可靠性研究[D]. 杭州: 浙江大学.

6 通信与对时

6.1 概述

数据传输和交互是海底观测网的另外一个核心功能，因接入了大量的终端观测和监测设备，海量级别和不同交互协议、不同格式的数据需要高带宽的信息传输通道及网络支持。同时，不同于陆地的具备多个信息出入口的完备通信网络，海底观测网的信息出入口仅为岸基站，其特殊的网络结构导致其无法完全采用陆地通信网络架构，针对不同的需求，海底观测网可采用不同的网络架构。

常规意义的有缆式海底观测网的通信网络架构一般分为三层：由主级接驳盒节点间与岸基站组成串联和并联的骨干光传输网络层；主、次级接驳盒之间的光或电介质通信传输汇聚层；次级接驳盒与水下仪器终端之间的设备接入层。不同的网络层采取的通信方式及协议也各有不同。本章首先介绍了针对海底观测网可能用到的通信方式、协议或设备，然后针对海洋仪器高精度对时的特殊需求，在时间同步技术方面进行探讨，最后对各类海底观测网通信系统网络架构进行阐述。

6.2 光传输网络

光传输是指通过光形态在光纤传输媒介上进行信息传输的过程，数字光通信网络中，用光的闪灭表示逻辑"0"和"1"，其工作方式就是简单的基带开-关键控。相比于传统的电信系统，光传输网的频谱要高好几个数量级，从而更易获得高带宽。自1970年，康宁公司成功研制出可用于构建光传输链路的低损耗光纤后，光纤通信技术开始进入高速发展时期。随着材料、元器件及通信系统设计等关键技术的不断迭代进步，很多制约光通信链路获取超宽带的复杂问题得到了解决。得益于其高带宽特性，光传输通常用在主干通信网络上，承担绝大部分的数据业务。为了扩大通信容量，光传输网络中使用到了多路复用技术，包括同步数字系列、波分复用（wavelength division multiplexing，WDM）技术，以及在此基础上的扩展技术多业务传送平台(multi-service transport platform，MSTP)、分组传送网、光传送网(optical transport network，OTN)等。

6.2.1 同步数字系列

6.2.1.1 同步数字系列概念

同步数字系列是一种将复接、线路传输及交换功能融为一体并由统一网管系统操作的综合信息传送网络，它不仅适用于各类光纤传输系统，也适用于微波和卫星传输的通用技术体制。20世纪90年代，随着光传输技术的发展及数字时分复用(time-division multiplexing，TDM)体制的进一步演化，出现了标准的信号格式，在北美称之为同步光网络(synchronous optical network，SONET)，在其他国家则称为同步数字系列。

同步数字系列脱胎于19世纪80年代提出的准同步数字系列技术。准同步数字系列利用时分复用技术解决了光传输的接口标准问题，并实现光传输多路复用，但是没有实现标准的全球统一。所谓时分复用，就是将标准时长分成若干个小时间段，在每个小时间段传输一路信号，如此便可在标准时长内传输多路信号。但时分复用机制复杂，维护管理能力差。相比于准同步数字系列，同步数字系列建立了统一的标准数字传输体制，规范了数字信号的帧结构、复用方式、传输速率等级、接口码型等特性，同时极大地改善了准同步数字系列不利于大容量传输的缺点，且能实现同步复用和兼容准同步数字系列，还拥有强大保护机制和网络管理能力。由于上述众多优点，同步数字系列在广域网领域和专用网领域得到了巨大的发展。国内外主要电信运营商都已经大规模建设了基于同步数字系列的骨干光传输网络。而一些大型的专用网络也采用了同步数字系列技术，架设系统内部的同步数字系列光环路，以承载各种业务。比如电力系统，就利用同步数字系列环路承载内部的数据、远程控制、视频和语音等业务。在海底通信系统、海底观测网等专用网络系统中，基于同步数字系列技术的系统及传输设备也得到大量应用。

6.2.1.2 同步数字系列技术特点

为了支持各种业务的传输，同步数字系列通过由低速速率复用获得高速速率，再由高速速率复用获得更高速速率的方式来获得各种通信速率。可见，复用是同步数字系列的重点，其复用包括两种情况：一种是由STM-1信号复用成STM-N信号；另一种是由准同步数字系列支路信号(如2 Mbit/s、34 Mbit/s、140 Mbit/s)复用成STM-N信号。

(1)由STM-1信号复用成STM-N信号。主要通过字节间插的同步复用方式来完成，复用的基数是4，即4×STM-1→STM-4，4×STM-4→STM-16。在复用过程中保持帧频不变(8 000帧/s)，这就意味着高一级的STM-N信号是低一级的STM-N信号速率的 4 倍。

（2）由准同步数字系列支路信号复用成 STM-N 信号。各种准同步数字系列支路信号复用进 STM-N 帧的过程都要经历映射、定位、复用三个步骤。映射相当于信号打包，定位伴随与指针调整，复用相当于字节间插复用。ITU-T 规定了一整套完整的映射复用结构，也就是映射复用路线，通过这些路线可将准同步数字系列的三个系列的数字信号以多种方法复用成 STM-N 信号（表 6-1）。

表 6-1　常用 STM-N 等级与速率

等级	速率/（Mbit/s）
STM-1	155.520
STM-4	622.080
STM-16	2 488.320
STM-64	9 953.280

STM-N 的结构会直接影响到传送业务的灵活性、对外兼容性和适应性。STM-N 的标准帧结构由信息净负荷（payload）、段开销（section overhead，SOH）和管理单元指针（administration unit pointer，AU-PTR）组成。

（1）信息净负荷。信息净负荷是 STM-N 帧结构中存放各种用户真正所需要的信息码块的地方，其中还包括少量用于通道性能监视、管理和控制的通道开销（path overhead，POH）字节。

（2）段开销。段开销是 STM-N 帧结构中为了保证信息净负荷正常灵活传送所必须附加的网络运行、管理和维护字节。段开销可进一步分为再生段开销（regenerator section overhead，RSOH）和复用段开销（multiplex section overhead，MSOH），区别在于监管的范围不同，分别对相应的段层进行监控。举个简单的例子，若光纤上传输的是 2.5 Gbit/s 的信号，那么，再生段开销监控的是 STM-16 整体的传输性能，而复用段开销则是监控 STM-16 信号中每一个 STM-1 的性能情况。

（3）管理单元指针。管理单元指针位于 STM-N 帧中第 4 行的第 1 列到第 9×N 列，共 9×N 个字节，用来指示信息净负荷的第一个字节在 STM-N 帧内的准确位置，以便接收端能根据这个位置指示符的值（指针值）准确分离信息净负荷。

STM-N 信号帧结构的安排应尽可能使支路低速信号在一帧内均匀、有规律分布，以便于从高速信号中直接"上/下"低速支路信号。通常，STM-N 的信号是 9 行×270×N 列的帧结构，其中 N 的取值为 1，4，16，64，…，表示此信号由 N 个 STM-1 信号通过字节间插复用而成（图 6-1）。

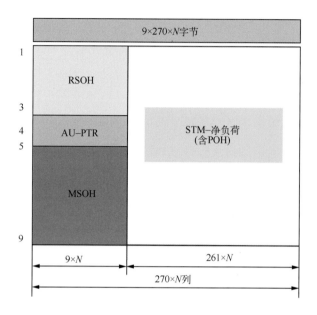

图 6-1　STM-N 帧结构

6.2.1.3　同步数字系列网络结构

同步数字系列的基本网络单元包括终端复用器(terminal multiplexer，TM)、分插复用器(add drop multiplexer，ADM)、再生器中继设备(regenerator，REG)和数字交叉连接设备(digital cross connector，DXC)，由各种设备可组成不同的网络结构。图 6-2 所示为点对点网、树形网、环形网和枢纽网拓扑结构。

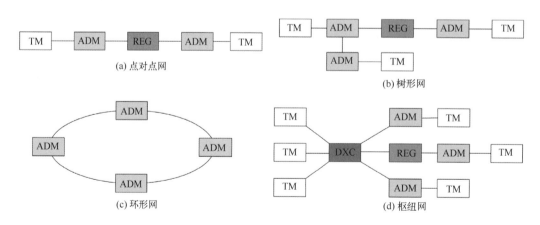

图 6-2　同步数字系列的拓扑结构

6.2.2　多业务传送平台

6.2.2.1　多业务传送平台概念

多业务传送平台以同步数字系列技术为基础，将传统的同步数字系列复用器、数字交叉连接器、WDM 终端、网络二层交换机和 IP 边缘路由器等多个独立设备集成一个网络设备，实现多业务的综合接入和传送，并对这些业务进行统一控制和管理。多业务传送平台技术是对同步数字系列技术的进一步发展，既继承了同步数字系列的优点，又能够同时实现数字时分复用、异步传输模式(asynchronous transfer mode，ATM)、以太网、IP 等多业务的接入处理和传送。

6.2.2.2　多业务传送平台技术特点

多业务传送平台是基于同步数字系列技术的一种传送技术，原理与同步数字系列类似，除具有标准同步数字系列传送节点所具有的功能外，还具有以下主要功能特征：①具有 TDM 业务、ATM 业务或以太网业务的接入功能；②具有 TDM 业务、ATM 业务或以太网业务的传送功能，包括点到点的透明传送功能；③具有 ATM 业务或以太网业务的带宽统计复用功能；④具有 ATM 业务或以太网业务映射到同步数字系列虚容器的指配功能。

同时，多业务传送平台还具有一些与同步数字系列不同的关键技术，如 VC 级联、通用成帧规程、链路容量调整机制及多协议标签交换。

(1)VC 级联。VC 级联的概念是在 ITU-T G.707 中定义的，分为相邻级联和虚级联两种。相邻级联指同步数字系列中用来承载以太网业务的各个 VC 在同步数字系列的帧结构中是连续的，共用相同的通道开销；虚级联指同步数字系列中用来承载以太网业务的各个 VC 在同步数字系列的帧结构中是独立的，其位置可以灵活处理。

(2)通用成帧规程(GFP)。GFP 是 ITU-T G.7041 定义的一种链路层标准，是一种对于以帧为单位组织的数据业务的简单有效的封装方式，它既可以在字节同步的链路中传送长度可变的数据包，又可以传送固定长度的数据块，是一种简单而又灵活的数据适配方法。GFP 采用了与 ATM 技术相似的帧定界方式，可以透明地封装各种数据信号，利于多厂商设备互联互通。

(3)链路容量调整机制(LCAS)。LCAS 可以在不中断数据流的情况下动态调整虚级联个数，它所提供的是平滑地改变传送网中虚级联信号带宽以自动适应业务带宽需求的方法。LCAS 可以将有效净负荷自动映射到可用的 VC 上，从而实现带宽的连续调整，不仅提高了带宽指配速度，对业务无损伤，而且当系统出现故障时，可以动态调整系统带宽，不需要人工介入，在保证服务质量的前提下，使网络利用率得到显著提高。

(4)多协议标签交换(MPLS)。MPLS 是一种多协议标签交换标准协议，它将第三层技术(如 IP 路由等)与第二层技术(如 ATM、帧中继等)有机地结合起来,从而在同一个网络上既能提供点到点传送,也可以提供多点传送;既能提供原来以太网的服务,又能提供具有很高服务质量(QoS)要求的实时交换服务。MPLS 技术使用标签对上层数据进行统一封装,从而实现了用同步数字系列承载不同类型的数据包。

6.2.2.3 多业务传送平台网络结构

基于同步数字系列的多业务传送平台最适合作为网络边缘的融合节点支持混合型业务,特别是以 TDM 业务为主的混合业务,它不仅适合缺乏网络基础设施的新运营商,应用于局域网间或因特网接入点(point of presence,POP)间,还适合于大型企事业用户驻地。而且即便对于已敷设了大量同步数字系列网的运营公司,以同步数字系列为基础的多业务传送平台可以更有效地支持分组数据业务,有助于实现从电路交换网向分组网的过渡。图 6-3 所示为多业务传送平台的网络结构。

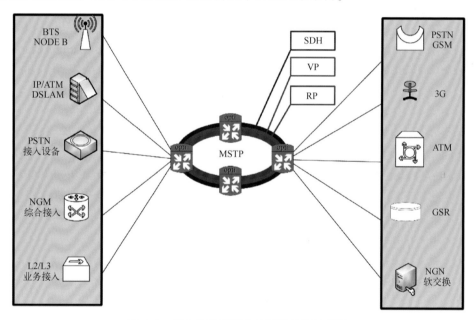

图 6-3 多业务传送平台的网络结构示意图

6.2.3 分组传送网

6.2.3.1 分组传送网概念

分组传送网(PTN)是一种以分组作为传送单位,承载电信级以太网业务为主,兼容 TDM、ATM 和 IP 等业务的综合传送技术,是一种基于包交换、端到端连接、多业务支持、低成本的网络。近年来,作为 IP OVER WDM 解决方案的分组传送网和光传送网逐渐成为光通信领域的两个技术热点,其应用场景分别针对不同的传送层面。分组传送网针对分组业务流量特征优化传送带宽,同时秉承同步数字系列技术的高可靠性、可用性和可管理性优势,适用于 FE/GE/10GE 以太网接口传输,兼容 TDM。

分组传送网是能够以最高效率传输 IP 的光网络。它是在以以太网为外部表现形式的业务层和 WDM 等光传输层之间设置的一个层,针对 IP 业务流量的突发性和统计复用传送的要求而设计,以分组业务为核心并支持多业务提供,具有更低的总体使用成本(TCO),同时秉承同步数字系列的传统优势,包括较高的可用性和可靠性、高效的业务调度机制和流量工程、便捷的操作管理维护(operation administration and maintenance, OAM)和网管、易扩展、业务隔离与高安全性等。分组传送网作为传输技术,最低的每比特传送成本依然是最核心的要求,高可靠性、多业务同时基于分组业务特征而优化、可确定的服务质量、强大的操作管理维护机制和网管能力等依然是其核心技术特征。在现有的技术条件和业务环境下,在分组传送网层面上需要解决网络定位、业务承载、网络架构、设备形态、服务质量和时钟等一系列关键技术问题。

6.2.3.2　分组传送网技术特点

分组传送网有两类实现技术,即传送多协议标记交换(T-MPLS/MPLS-TP)技术和运营商骨干桥接-流量工程(PBB/PBB-TE)技术。

一类是从因特网协议/多协议标记交换(IP/MPLS)发展来的传送多协议标记交换技术。该技术抛弃了基于 IP 地址的逐跳转发机制,并且不依赖于控制平面来建立传送路径;增强了多协议标记交换面向连接的端到端标签转发能力;去掉了其无连接和非端到端的特性,即不采用最后一跳弹出 PHP、LSP 聚合、等价多路径 ECMP 等,从而具有确定的端到端传送路径,并增强了满足传送网需求,及提高了具有传送网风格的网络保护机制和操作管理维护及服务质量能力。

另一类是从以太网逐步发展而来的面向连接的以太网传送技术,如 IEEE 802.1Qay 规范的运营商骨干桥接-流量工程技术。该技术在 IEEE 802.1ah 运营商骨干桥接(PBB,即 MAC in MAC)基础上进行了改进,取消了媒体访问控制(MAC)地址学习、生成树和泛洪等以太网无连接特性,解决了运营商和客户之间的安全隔离并提高了网络扩展性,PBB-TE 增加了流量工程(TE)从而增强了服务质量能力。PBB-TE 目前主要支持点到点和点到多点的面向连接的业务传送和线性保护,暂不支持面向连接的多点到多点之间的业务传送和环网保护。

这两类分组传送网实现技术在数据转发、多业务承载、网路保护和操作管理维护机制上有一定差异,从产业链、标准化、设备商产品及运营商应用情况来看,由于 T-MPLS/MPLS-TP 具有与核心网 IP/MPLS 互通的技术优势等,目前 T-MPLS/MPLS-TP 已成为分组传送网的主流实现技术。

分组传送网的特征是适合分组业务的传送。分组传送网络是基于连接的,支持多业务提供、分组核心的、具有电信级 OAM&PS 以及更低的 TCO 的网络设备，如图 6-4 所示。

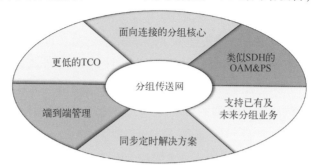

图 6-4 分组传送网特征

分组传送网与同步数字系列技术对比见表 6-2。

表 6-2 分组传送网与同步数字系列技术对比

技术特征	SDH/MSTP 系统	PTN 系统
多业务接入	PDH/SDH/以太网/IP/ATM/波分	PDH/SDH/以太网/IP/ATM/波分
交换技术	时隙交叉技术	Universal Switch(TDM/包统一交换)
业务调度	面向连接，端到端刚性管道 VC 调度	面向连接，端到端弹性管道 LSP 调度
业务隔离和 QoS	网络侧基于时隙隔离，时隙独享的端到端 QoS 保证	网络侧基于 LSP 和 PW 隔离，端到端 LSP 的 QoS 保证
端到端 OAM	层次化 OAM，包括 POH/RSOH/MSOH 通过 OAM 开销字节进行监控管理	层次化 OAM，包括以太网/PW/LSP，通过 OAM 报文进行监控管理
网络保护	SNCP/PP/线性 MSP，MSP RING	LSP1+1/1：1，LSP-RING，MSP1+1/1：1，兼容 SDH/MSTP 所有保护

分组传送网网络中的仿真技术主要采用 IETF PWE3(伪线仿真)技术组制定的相关标准。分组传送网通过将一个仿真业务从一个 PE 运载到另一个或多个其他 PEs 的机制，利用分组传送网网络上的一个隧道(IP/MPLS)对多种业务(ATM、FR、HDLC、PPP、TDM、以太网等)进行仿真。PTN 可以传输多种业务数据净荷。

分组传送网采用网络测量和控制系统的精密时钟同步协议标准 IEEE 1588 实现时钟同步。IEEE 1588 协议设计用于精确同步分布式网络通信中各个结点的实时时钟，其基本构思为通过硬件和软件将网络设备(客户机)的内时钟与主控机的主时钟实现同步。

6.2.3.3 分组传送网网络结构

(1)混合组网模式。混合组网模式依托原有的 MSTP 网络，从有业务需求的接入点发起，由同步数字系列和分组传送网混合组环逐步向全分组传送网组网演进。这种模式适用于现网资源缺乏、无法一次性建设分组传送网，或者因为投资所限必须分步实施分组传送网建设的区域，如图 6-5(a)所示。

　　(2)独立组网模式。独立组网模式是从接入层至核心层全部采用分组传送网设备，新建分组传送平面，与现网 MSTP 长期共存、单独规划、共同维护的模式。在该模式下，传统的 2G 业务继续利用原有 MSTP 平面，新增的 IP 化业务则开放在分组传送网中。分组传送网单独组网模式的网络结构与目前的 2G MSTP 网络相似。独立组网模式适用于在核心节点数量较少的中小型城域网，或作为在 IP OVER WDM/OTN 没有建设且短期内无法覆盖到位的过渡组网方案，如图 6-5(b)所示。

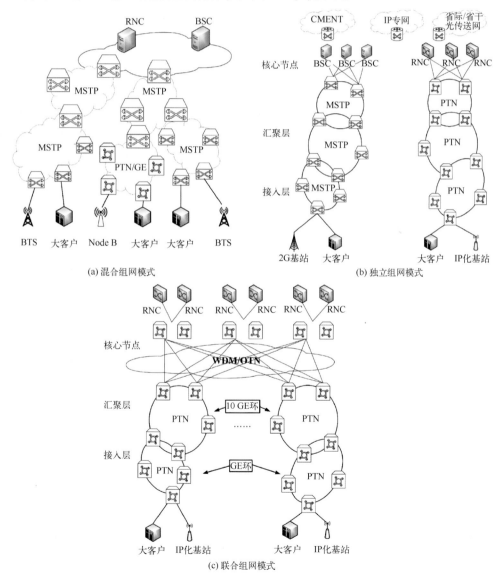

(a) 混合组网模式

(b) 独立组网模式

(c) 联合组网模式

图 6-5　分组传送网组网模式

（3）联合组网模式。联合组网模式是汇聚层以下采用 PTN 组网，核心层则充分利用 IP OVER WDM/OTN 将上联业务调度至 PTN 网络所属业务落地机房。该模式下，业务在汇聚接入层完成收敛后，上联到核心机房大容量 PTN 落地设备。这种模式适用于网络规模较大的大中型城域网，以及有 WDM/OTN 资源的区域，如图 6-5(c)所示。

6.2.4　波分复用

6.2.4.1　波分复用概念

波分复用技术是将两种或多种不同波长的光载波信号(携带各种信息)在发送端经复用器(亦称合波器，multiplexer)汇合在一起，并耦合到光线路的同一根光纤中进行传输的技术；在接收端，经解复用器(亦称分波器或称去复用器，demultiplexer)将各种波长的光载波分离，然后由光接收机做进一步处理以恢复原信号。这种在同一根光纤中同时传输两种或多种不同波长光信号的技术，称为波分复用(图 6-6)。

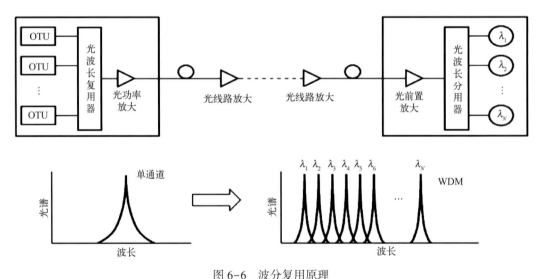

图 6-6　波分复用原理

6.2.4.2　波分复用技术特点

波分复用主要有粗波分复用(CWDM)和密集波分复用。

（1）粗波分复用。粗波分复用使用 1 200～1 700 nm 的宽窗口，相邻信道的间距一般不小于 20 nm，波长数目一般为 4 波或 8 波，最多 16 波。由于复用的信道数较少，CWDM 系统采用的分布反馈式(DFB)激光器可不需冷却，不需要选择成本昂贵的密集波分解复用器和掺耳光纤放大器(EDFA)，只需采用便宜的多通道激光收发器作为中继，在设备尺寸、功耗要求和成本等方面相对密集波分复用都更有优势。

（2）密集波分复用。密集波分复用可以承载 8～160 个波长，而且随着技术的不断发展，其波数仍可继续增长，一般间隔不大于 1.6 nm，主要用于长距离传输系统。在所有的密集波分复用系统中都需要色散补偿技术。在 16 波密集波分复用系统中，一般采用常规色散补偿光纤来进行补偿，而在 40 波或更多波的密集波分复用系统中，必须采用色散斜率补偿光纤补偿。密集波分复用能够在同一根光纤中把不同的波长同时进行组合和传输，从而大幅度提高带宽，采用密集波分复用技术，单根光纤的数据流量很容易达到每秒太比特级别。

基于多波长光束在同一光纤进行传输的特点，波分复用技术具有众多技术优势，且仍在不断提升：①传输容量大，可节约宝贵的光纤资源。对单波长光纤系统而言，收发一个信号需要使用一对光纤，而采用波分复用技术，不管有多少个信号，整个复用系统只需要一对光纤；②对各类业务信号"透明"，可以传输不同类型的信号，如数字信号、模拟信号等，并能对其进行合成和分解；③网络扩容时不需要敷设更多的光纤，也不需要使用高速的网络部件，只需要更换端机和增加一个附加光波长就可以引入任意新业务或扩充容量，因此波分复用技术是理想的扩容手段；④组建动态可重构的光网络，在网络节点使用光分插复用器（OADM）或者使用光交叉连接设备（OXC），可以组成具有高度灵活性、高可靠性和高生存性的全光网络；⑤可用 EDFA 实现超长距离传输，用一个 EDFA 可对所有光通道信号同时放大，实现超长距离传输，节省大量电中继设备。

6.2.4.3   波分复用网络结构

波分复用传输系统由发送端、接收端和光放大器三个部分组成，如图 6-7 所示。

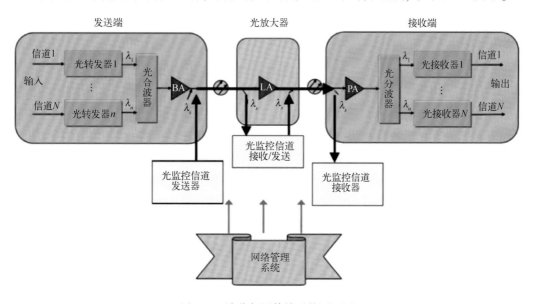

图 6-7   波分复用传输系统原理图

115

（1）发送端。n 个光发送机（TXn）发出具有标称波长（G.692）的光信号，由光合波器（OM）复用成一束光波，进入光纤传输。

（2）接收端。由光分波器（OD）把光波分解成 n 个与发送端波长相对应的光信号，分别进入 n 个光接收机（RXn）。

（3）光放大器（OA）。解决超长传输，一般都应配光放大器，因合波器、分波器插损大，如 10 dB（图 6-8）。

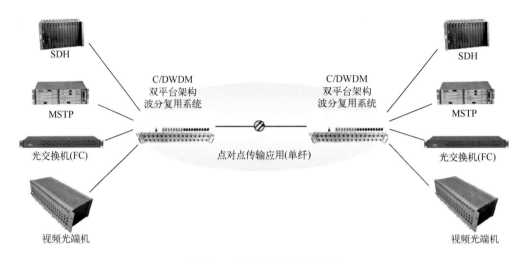

图 6-8　点对点波分复用系统

6.2.5　光传送网

6.2.5.1　光传送网概念

光传送网是由国际电信联盟电信标准化部门（ITU-T）定义，在光域上进行客户信息的传输、复用和交叉连接的光纤网络，并保证其性能指标和生存性，同时将同步数字系列强大完善的 OAM&PS 理念和功能移植到波分复用光网络中，有效地弥补了现有波分复用系统在性能监控和维护管理方面的不足。可以说，光传送网汇集了同步数字系列和波分复用两种网络技术的所有优点，许多同步数字系列、波分复用传送网功能和系统原理都可复制到光传送网网络，光传送网有能力替代同步数字系列和波分复用独立存在，但是目前它的规模应用过程还不太完善，因此，还需要保持光传送网与同步数字系列、波分复用的共存和互通。

6.2.5.2　光传送网技术特点

光传送网系统以密集波分复用为基础平台，引入了光信道层（OCH），其核心技术则包括了光传送网交换技术和 G.709 的接口技术。标准定义的光传送网体系结构包括光交叉、电交叉、G.709 接口和控制平面等核心技术。G.709 是 ITU-T 为了满足光传送网设备基于波长的业务调度和端到端管理而定义的波长业务封装格式，其帧格式与同步数字系列的帧格式相类似，但开销更少，较容易实现基于光信道数据单元(ODUk)的交叉。

光传送网兼容波分复用的全部能力，解决了带宽问题；同时，基于大容量交叉连接技术，光传送网解决了灵活提供带宽的问题。光传送网在任何光纤物理拓扑条件下都可以实现任意点对点的波长、子波长连接。大容量的交叉连接，使波分复用系统具备了 Mesh 组网能力，相对于点到点传输的波分复用，这是巨大的进步，对于骨干网络的扁平化同样具有重要意义。光传送网具备全业务交叉和疏导能力，无阻塞交叉连接颗粒包括波长、ODU0、ODU1、ODU2 和 ODU3。

基于这些技术，光传送网网络具有以下特性：①可管理性，类似于同步数字系列的体系、帧结构、开销；②面向未来，面向 IP，基于密集波分复用的大颗粒业务；③更加智能，基于 ASON 的智能协议；④多业务接入和交换，类似于 MSTP 多类接口、二层交换功能；⑤大容量和高可靠性，基于密集波分复用的大容量，类似于同步数字系列的多种保护方式。

6.2.5.3　光传送网网络结构

光传送网包括光缆线路系统、波分复用终端复用器、光分插复用器和光交叉连接设备。其中，光传送网特有设备包括光分插复用器和光交叉连接设备。光分插复用器是一种具有波长上、下功能的设备，可配置波长的上、下。光交叉连接设备能够实现光波网的自动配置、保护/恢复和重构。由各个单元组成的光传送网通信网络结构如图 6-9 所示。

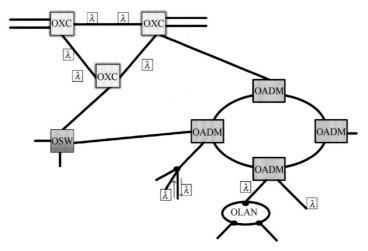

图 6-9　光传送网通信网络结构

6.3 电介质传输网络

通信协议是指双方实体完成通信或服务所必须遵循的规则和约定。通过通信信道和设备互连起来的多个不同地理位置的数据通信系统，要使其能协同工作实现信息交换和资源共享，它们之间必须具有共同的语言。交流什么、怎样交流及何时交流，都必须遵循某种互相都能接受的规则。这个规则就是通信协议。海底观测网所使用的设备种类繁多，终端观测设备接入网所采用的电通信协议也各式各样，一般使用的传输协议为以太网和串口传输。

6.3.1 以太网通信

6.3.1.1 以太网概念

以太网是由 Xerox 公司创建并由 Xerox、Intel 和 DEC 公司联合开发的基带局域网规范，是当今现有局域网采用的最通用的通信协议标准。以太网使用载波监听多路访问及冲突检测(CSMA/CD)技术，并以一定的速率运行在多种类型的电缆上。IEEE 802.3 标准通常指以太网，描述物理层和数据链路层的 MAC 子层的实现方法，该标准定义了在局域网中采用的电缆类型和信号处理方法，包括标准(10 Mbit/s)以太网、快速(100 Mbit/s)以太网和 10 G(10 Gbit/s)以太网。以太网不是一种具体的网络，而是一种技术规范。以太网作为一种原理简单、便于实现同时又价格低廉的局域网技术已经成为业界的主流，而更高性能的快速以太网和千兆以太网的出现更使其成为最有前途的网络技术。

6.3.1.2 以太网结构

以太网结构由共享传输媒介，如双绞线电缆或同轴电缆和多端口集线器、网桥或交换机构成，可组成不同的拓扑结构，在星形或总线形配置结构中，集线器/交换机/网桥通过电缆使计算机、打印机和工作站彼此之间相互连接。由于其简单、成本低、可扩展性强、与 IP 网能够很好地结合等特点，以太网技术的应用从企业内部网络向公用电信网领域迈进。以太网接入是指将以太网技术与综合布线相结合，作为公用电信网的接入网，直接向用户提供基于 IP 的多种业务的传送通道。以太网技术的实质是一种二层的媒质访问控制技术，可以在五类线上传送，也可以与其他接入媒质相结合，形成多种宽带接入技术(图 6-10)。

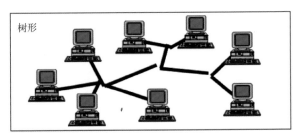
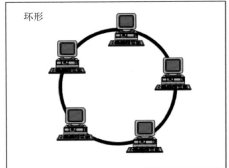
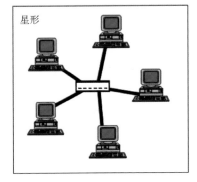
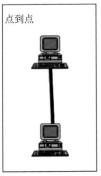
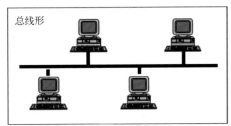

图 6-10   以太网拓扑结构

6.3.1.3   TCP/IP 协议

TCP/IP 协议又叫网络通信协议，是网络中传递、管理信息的一些规范。TCP/IP 协议是一系列协议的总和，是一个有层次的协议栈，它定义了电子设备如何接入互联网以及数据如何在它们之间互相传输，因为在这一系列协议中 TCP 协议和 IP 协议最具代表性，所以被称为 TCP/IP 协议。常见的 TCP/IP 协议包括 HTTP、FTP、TCP、UDP、IPv4 等。

以太网信息传输的过程与以太网的网络模型密切相关，不同层中应用 TCP/IP 协议中的不同内容。以太网模型有多种，根据不同的细分层次可有 7 层模型、5 层模型、4 层模型，其中 7 层模型自上而下为应用层、表示层、会话层、传输层、网络层、数据链路层和物理层（表 6-3）。各层的主要任务分别是：应用层为应用程序提供并规定应用程序中通信相关的细节，包括文件传输、电子邮件等协议；表示层将应用信息处理成适合网络传输的格式，或将下层数据转化成应用层能够处理的格式；会话层负责链接的建立与断开以及数据分割等数据传输相关的管理；传输层起着可靠传输的作用，只需在双方节点上进行处理，不需要在路由器上处理；网络层负责将数据传送到目的地址，目的地址可能是多个网络通过路由器连接的地址，该层的主要工作是寻址和路由请求；数据链路层负责一个网络内部节点之间的通信；物理层负责 0，1 比特流与电平高低、光闪灭之间的转换。

表 6-3　以太网各网络模型及常见协议

7 层模型	5 层模型	4 层模型	常见协议
应用层			
表示层	应用层	应用层	HTTP、DNS、FTP、SMTP、SSH
会话层			
传输层	传输层	传输层	TCP、UDP、SCTP
网络层	网络层	网间层	IPv4、IPv6、ICMP、ARP、RARP
数据链路层	数据链路层	网络接口层	以太网、PPP、无线 LAN
物理层	物理层		

当一台主机需要传送数据时，数据首先通过应用层的接口进入应用层。在应用层，数据被加上应用层的报头 ah，形成应用层协议数据单元，然后被递交到下层表示层。表示层并不"关心"上层应用层的数据格式而是把整个应用层递交的数据包看成是一个整体进行封装，即加上表示层的报头 ph，然后递交到下层会话层。同样，会话层、传输层、网络层、数据链路层分别给上层递交下来的数据加上自己的报头。当一帧数据通过物理层传送到目标主机的物理层时，该主机的物理层把它递交到上层——数据链路层。数据链路层负责去掉数据帧的帧头部和尾部（同时还进行数据校验）。如果数据没有出错，则递交到上层网络层。同样，网络层、传输层、会话层、表示层、应用层也要做类似的工作。最终，原始数据被递交到目标主机的具体应用程序中。

一般情况下，传输层以下协议由特定网络设备实现，路由器工作在网络层，交换机工作在数据链路层，中继器工作在物理层；而传输层一般由操作系统实现，常用的编程接口为 socket；传输层以上协议可以根据应用需要自行制定，也可以使用已有协议，如 HTTP、FTP 等。

6.3.2　串口通信

6.3.2.1　串口通信概念

串口通信（Serial Communication）是指外接设备与计算机间，通过数据信号线、地线等，按位进行传输数据的一种通信方式。串口是一种接口标准，它规定了接口的电气标准，没有规定接口插件电缆以及使用的协议。

6.3.2.2　串口通信原理

一般情况下，设备之间的电通信方式可以分为并行通信和串行通信两种，两者的区别见表 6-4。

表 6-4 并行通信与串行通信的区别

通信方式	并行通信	串行通信
传输原理	数据各个位同时传输	数据按位顺序传输
优点	传输速度快，通信距离远，抗干扰能力强，成本较低	占用引脚资源少
缺点	占用引脚资源多	传输速度慢，通信距离近，抗干扰能力弱，成本较高

　　串口按位（bit）发送和接收字节，尽管比按字节（byte）的并行通信慢，但是串口可以在使用一根线发送数据的同时用另一根线接收数据。相较于并行通信，串口通信简单并且能够实现远距离通信。比如，IEEE 488 定义并行通信状态时，规定设备线总长不得超过 20 m，并且任意两个设备间的长度不得超过 2 m；而对于串口通信，长度可达 1 200 m。典型的串口用于 ASCⅡ 码字符的传输。通信使用 3 根线完成，分别是地线、发送线、接收线。由于串口通信是异步的，端口能够在一根线上发送数据同时在另一根线上接收数据，其他线用于握手，但不是必需的。串口通信最重要的参数是波特率、数据位、停止位和奇偶校验。对于两个进行通信的端口，这些参数必须匹配。

6.3.2.3　串口通信类型

　　串口通信根据数据传送方向可分为（图 6-11）：①单工（simplex），数据只支持在一个方向上传输；②半双工（half duplex），允许数据在两个方向上传输，但是在某一时刻，只允许数据在一个方向上传输，它实际上是一种切换方向的单工通信；③全双工（duplex），允许数据同时在两个方向上传输，因此全双工通信是两个单工通信方式的结合，它要求发送设备和接收设备都有独立的接收和发送能力。

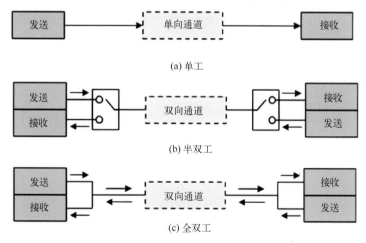

图 6-11　串口通信按数据传送方向分类

串口通信按照通信方式可分为：①同步串口通信（synchronous serial communication），发送端在发送串行数据的同时提供一个时钟信号，并按照一定的约定（如在时钟信号的上升沿时将数据发送出去）发送数据，接收端根据发送端提供的时钟信号以及约定，接收数据。这就是常说的同步串行通信，I2C、SPI 等有时钟信号的协议，都属于这种通信方式；②异步串口通信（asynchronous serial communication），发送端在数据发送之前和之后，通过特定形式的信号（例如 START 信号和 STOP 信号），告诉接收端可以开始（或者停止）接收数据了，与此同时，收发双方会约定一个数据发送的速度（波特率）。发送端在发送 START 信号之后，就按照固定的节奏发送串行数据，与此同时，接收端在收到 START 信号之后，也按照固定的节奏接收串行数据。

常用的设备间串口通信接口有 RS232、RS422、RS485（表 6-5）。

表 6-5　RS232、RS422、RS485 接口间性能参数对照

接口类型	RS232	RS422	RS485
接口电路	单端	差分	差分
最大传输距离/m	15	1 200	≥1 200
最高传输速率/(Mbit/s)	0.02	10	10
接收器输入电阻/kΩ	3~7	≥4	>12
驱动器负载阻抗/Ω	3 000~7 000	100	54
接收器输入电压范围/V	−25~+25	−7~+7	−7~+12
接收器输入电压阈值/V	±3	±0.2	±0.2

RS232 是一种标准的串行物理接口，全称是 EIA-RS-232，其中 EIA 代表美国电子工业协会，RS 代表推荐标准，232 是标识号。由于 RS232 并未定义连接器的物理特性，因此出现了 DB25、DB15 和 DB9 各种类型的连接器，其引脚定义也各不相同。其中，常用的是 DB25 和 DB9 两种（图 6-12）。

RS422 和 RS485 都是标准的电气接口电路，采用平衡驱动差分接收电路，收、发不共地，减少了干扰。两者的区别在于前者为全双工型，后者为半双工型。RS485 还有一个优点，其不仅可以方便地实现两点间数据传输，还可以方便地用于多站之间的互联。

图 6-12　RS232 物理接头 DB9

6.4 时间同步

6.4.1 时间同步概念

同步是指两个或两个以上信号在频率或相位上保持某种特定关系，即相对应的有效瞬间，其相位差或频率差保持在约定的允许范围之内，包括频率同步（frequency synchronization）和相位同步（phase synchronization）。频率同步指信号之间的频率保持某种严格意义的特定关系，信号之间的相位不一定相同，但是相位差相同；相位同步指信号之间的相位相同，相位差也相同，如图 6-13 所示。

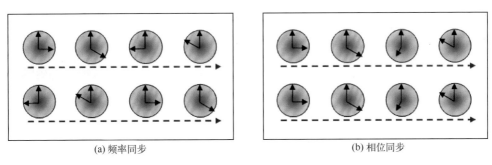

(a) 频率同步　　　　　　　　　　　　　(b) 相位同步

图 6-13　同步的基本概念

时间同步是指分布式系统的所有节点保持相同的时间节拍，具有统一的时间标准，从而能够提供准确的测量基准。现在常用的时间标准主要有以下几种：世界时（universal time，UT）、国际原子时（international atomic time，IAT）、地球动力学时（terrestrial dynamic time，TDT）、历书时（ephemeris time，ET）及协调世界时（universal time coordinated，UTC）等。现今国际上通用的时间标准有两种：国际原子时和世界时，国际原子时是依据铯原子的能级跃迁原子秒作为时标，世界时则是以地球自转运动为时间计量标准。由于两者依据不同，因而有一定测量差异，协调世界时（UTC）即是将二者进行协调统一而产生的一种折中的时间标准。协调世界时的秒长等于原子时的秒长，同时协调世界时通过采用闰秒的方法保持与世界时时刻相接近，一旦协调世界时与世界时的时刻差超过±0.9 s 时，便进行闰秒修正，闰秒一般在 12 月 31 日或 6 月 30 日的最后一秒加入至协调世界时中。协调世界时从 1972 年起被广泛应用于当今的互联网及万维网的标准中，这也是当今卫星系统进行授时的基准。

6.4.2 全球授时系统

当前，主要有 4 个全球范围内的授时系统。

6.4.2.1 美国全球定位系统

美国的全球定位系统(global position system, GPS)起始于 1958 年的一个军方项目,美国于 20 世纪 70 年代开始开发,1993 年建成并投入运行,到 1994 年共有 24 颗 GPS 卫星星座布设,全球覆盖率高达 98%,与 UTC 时间保持同步,是目前世界上同步精度最高、覆盖范围最广的导航系统。2000 年 1 月,美国关于"局部屏蔽 GPS 信号"的技术试验获得成功之后,美国取消了长达 10 年的 SA(selective availability)政策以提高民用 GPS 定位的授时精度,民用定位精度可达 10 m 之内,使 GPS 成为一种高度共享的全球性资源。

6.4.2.2 俄罗斯全球导航卫星系统

俄罗斯的全球导航卫星系统(global navigation satellite system, GLONASS)正式组网时间比 GPS 还早,由苏联于 1976 年开始启动,1982 年开始发射导航卫星,1993 年开始启用,也是由 24 颗卫星实现全球导航,2011 年该系统在全球正式运行。与美国的 GPS 相似,该系统也开设民用窗口。截至 2021 年 12 月,GLONASS 系统在轨卫星 25 颗,包括 23 颗 GLONASS-M 卫星和 2 颗 GLONASS-K1 卫星。俄罗斯计划在 2025 年前完成星座的全面更新和升级,2030 年将全面建成由 GLONASS-K2 卫星组成的空间星座。

6.4.2.3 欧洲伽利略全球卫星导航系统

欧洲伽利略全球卫星导航系统(GALILEO)是欧洲计划建设的新一代民用全球卫星导航系统,是欧洲国家为了减少对美国 GPS 的依赖,于 2002 年 3 月启动的一项计划。整个计划由分布在 3 个轨道上的 30 颗卫星组成,其中 27 颗卫星为工作卫星,3 颗卫星为候补卫星。2005 年和 2008 年先后发射了第一颗和第二颗导航卫星,2009 年 11 月地面站落成,2011 年和 2012 年分别发射了第三颗和第四颗导航卫星,构成一个四星小星座,此次三维定位实验在荷兰的欧空局实验室进行,精度为 10~15 m。之后数月,进一步优化导航信号。2021 年 12 月,伽利略-27/28(GALILEO-27/28)导航卫星成功发射。

6.4.2.4 中国北斗卫星导航定位系统

北斗卫星导航定位系统[BeiDou(COMPASS)navigation satellite system, BDS]是我国正在实施的自主研发、独立运行的全球卫星导航系统,于 1983 年提出方案,2007 年发射了第一颗北斗导航卫星。2012 年第 16 颗北斗导航卫星被成功送入预定轨道,这是我国二代北斗导航工程的最后一颗卫星,标志着我国北斗导航工程区域组网顺利完成。2012 年 12 月 27 日,北斗卫星导航定位系统正式对亚太地区提供无源定位、导航、授时、短信息通信服务,授时精度优于 100 ns,定位精度优于 20 m。2020 年 7 月,北斗三号全球卫星导航系统开通,北斗三号全球范围定位精度优于 10 m、测速精度优于

0.2 m/s、授时精度优于 20 ns。

6.4.3 时间同步技术

常见时间同步技术是将通信网上各种通信设备或者计算机设备的时间信息基于某一时间源的偏差限定在足够小的范围内,这种同步过程叫作时间同步。要进行时间同步,首先要有准确的时间源,这也是实现时间同步的基础。标准的时间源 UTC 可以通过原子钟、天文台、卫星或从因特网上获取,目前陆地大部分的设备或系统均通过前述四大授时系统获得精准时间,并作为授时基准与从属设备进行时间同步,从属设备的时间同步方式主要有以下几种。

6.4.3.1 脉冲时间同步方式

脉冲时间同步也称为硬对时,是指授时设备利用脉冲的准时沿(上升沿或下降沿)来提供授时服务。常用的脉冲对时信号有分脉冲(1PPM)和秒脉冲(1PPS),也会用到时脉冲(1PPH)。脉冲时间同步具有很高的节拍同步性,但只是保证秒节拍的同步性,时间的一致性不能保证。

6.4.3.2 串口时间同步方式

串口报文时间同步也称为软对时,是将年、月、日、时、分、秒这样一组时间数据按顺序或者速率格式通过串口发送,串行通信的方式有 RS232、RS422 和 RS485。当被授时装置通过串口接收报文信息后,利用数据设置其内部时钟。串口时间同步仅能精确到秒,具有较低的精度。串口时间同步信号的电气特性见表 6-6。

表 6-6 串口时间同步信号的电气特性

通信方式	RS232	RS422	RS485
工作方式	单端	差分	差分
节点数	1 发 1 收	1 发 10 收	1 发 32 收
最大传输距离/m	15	1 200	≥1 200
最高传输速率/(Mbit/s)	0.02	10	10
驱动器负载阻抗/Ω	3 000~7 000	100	54
接收器输入电压范围/V	−25~+25	−7~+7	−7~+12
接收器输入电压阈值/V	±3	±0.2	±0.2
接收器输入电阻/kΩ	3~7	≥4	≥12
驱动器共模电压/V		−3~+3	−1~+3
接收器共模电压/V		−7~+7	−7~+12

6.4.3.3 编码时间同步方式

为了解决前两种时间同步方式的缺点,同时也为了更好地结合前两种方法的优势,采取将脉冲对时和串口报文对时两种方式相结合的方法，即串口和脉冲。但是这种方式的缺点是需要传送两个信号。为了更好地解决这个矛盾，采用了如下方法：串口报文对时的时间数据结合脉冲对时的准时沿，构成一个脉冲串，这个脉冲串用来传输时间信息。从脉冲串中解析出来的一组时间数据和准时沿是授时设备所需要的数据，就是目前常用的 IRIG-B 码。B 码基本码元如图 6-14 所示。每个码元占用 10 ms 时间，码元"0"和"1"对应的脉冲宽度为 2 ms 和 5 ms，"P"码元是位置码元，对应的脉冲宽度为 8 ms。

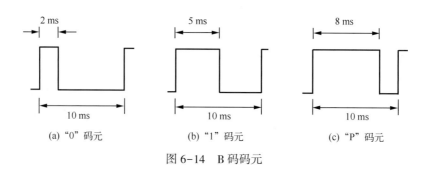

图 6-14　B 码码元

图 6-15 所示为 B 码脉冲系列示意图，是每秒一帧的串行时间码，每个码元总宽度为 10 ms，一个时帧周期包括 100 个码元，为脉宽编码。每个码元又有三种码型：二进制"0""1"和位置标识符。分成三字段编码：第 1 字段为年时间（年、天、时、分、秒），第 2 字段为控制功能函数字段，第 3 字段为直接用二进制秒符号表示的一天中的时间信息，每 24 小时循环 1 次。码元的"准时"参考点是其脉冲前沿，时帧的参考标志由一个位置识别标志和相邻的参考码元组成，其脉宽均为 8 ms；每 10 个码元有一个位置识别标志，因此 1 秒内共 10 个位置识别标志，即 P1，P2，P3，…，P9，P0，它们均为 8 ms 脉宽；Pr 为帧参考点；二进制"1"和"0"的脉宽分别为 5 ms 和 2 ms。对 B 码进行解码就是将 B 码中所包含的时、分、秒信息提取出来，转换成计算机能够识别的形式。解码的关键在于检测 B 码中各个码元的高电平宽度，首先要检测连续两个 8 ms 宽的码元出现的位置，然后再检测随后的 30 个码元脉冲宽度，以确定时、分、秒。

6.4.3.4　网络时间同步方式

网络时间同步方式是基于某种网络协议的时间同步方式。上述三种时间同步方式都不能实现远距离的时间同步，使用以太网作为时间信息的传输介质，则可以解决远距离传输问题。常用的网络时间同步方式有日期时间协议（daytime protocol，DP）、时间协议（time protocol，TP）、网络时间协议（network time protocol，NTP）、简单网络时间协议（simple network time protocol，SNTP）和精确时间协议（precision time protocol，PTP），其中，日期时间协议和时间协议都只能表示到秒而且并没有估算网络延时，在

网络中精度不高，具体对比见表 6-7。

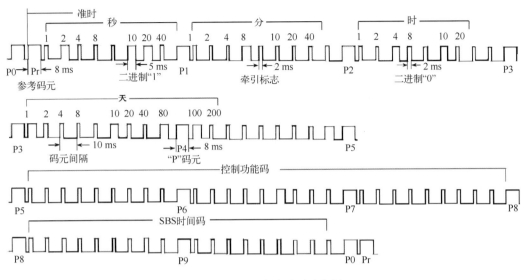

图 6-15　B 码脉冲系列示意图

表 6-7　网络时间同步方式比较

协议名称	协议文档号	时间格式	同步精度
日期时间协议	RFC-867	以 ASC Ⅱ 编码输出日期、年份、时间和时区，表示到秒	秒级
时间协议	RFC-868	32 bit 表示自公元 1900 年 1 月 1 日 0 时起开始的秒数	秒级
网络时间协议（NTP）	RFC-1305 V3	64 bit 的时间戳，前 32 bit 是自 1900 年 1 月 1 日 0 时开始的秒数，后 32 bit 是小数部分	毫秒级
简单网络时间协议（SNTP）	RFC-2030 V4	时间戳数据格式与 NTP 相同	毫秒级
精确时间协议（PTP）	IEEE 1588 V2	时间戳数据格式与 NTP 相同	亚微秒级

　　目前，由于多方面的原因，用户客户端时钟可提供时间的可靠度与精确性均受到限制，这也成为时间同步过程中的一大技术瓶颈。对网络时间同步技术的研究主要集中在网络时间协议和精确时间协议。网络时间协议在局域网内可提供毫秒级同步精度，且不需要硬件资源的支持；精确时间协议的 IEEE 1588 协议可提供微秒级同步精度，但是需要硬件资源的支持。

6.4.4　网络时间协议

　　网络时间协议是由美国特拉华大学的 David L. Mill 于 1985 年提出的，当时被命名为 NTPv0，到目前已经研究至 NTPv4。网络时间协议可以使计算机和时钟源(时间服务器、石英钟、GPS 等)进行同步，一般采用客户端/服务器的工作模式，通过客户端和服务器之间的往返 NTP 报文来确定两地时钟的差值和报文在网络中传输的延时，NTP 报文的发送周期可设置。如图 6-16 所示，T_1 和 T_4 是客户端记录的发送和接收 NTP 报文的时间，T_2 和 T_3 是服务器端记录的接收和发送 NTP 报文的时间。

客户端和服务器之间的时间偏差(Offset)可表示为

$$Offset = \frac{(T_2 - T_1) - (T_3 - T_4)}{2} \qquad (7-1)$$

时间同步过程中的网络延时(Delay)可表示为

$$Delay = (T_4 - T_1) - (T_3 - T_2) \qquad (7-2)$$

NTP 时间同步精度通常在毫秒级，与此同时还会随着网络结构和网络负载而变化，详细内容可参阅 RFC1305。由于 NTP 并不是为局域网设计的，并且它是纯软件设计，响应速度慢，因此在特殊场合无法与精确时间协议的精度相提并论。

图 6-17 所示是一个基于 NTP 的时间同步网络层状架构图。第 0 级设备是时间同步网络的基准时间参考源，它位于同步子网络的顶端，目前

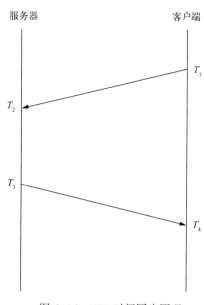

图 6-16　NTP 时间同步原理

采用较多的是 GPS 卫星授时。子网中的设备可以扮演多重角色。例如一个第二层的设备，对于第一层来说是客户机，对于第三层可能是服务器，对于同层的设备则可以是对等机。这里对等机的含义是相互用 NTP 进行同步的计算设备，NTP 就是通过这种网络层状结构一层一层延伸下去为因特网提供对时服务的。对于每一个工作在下层的设备，都可以有多个上层设备作为服务器来提供准确的时间，因而每一个客户端可以通过自身的算法来选择最合适的上层设备提供时间服务。NTP 主要有三种工作模式，由主机模式变量(peer. mode)确定，分别是客户端/服务器模式、对称模式和广播模式，在此不赘述。

SNTP 是一个简化版的 NTP 服务器和客户端同步策略，SNTP 客户端和 NTP 客户端的不同之处在于，SNTP 客户端只能操作在单服务器下，而 NTP 客户端可操作在多服务器下。与此同时，SNTP 对 NTP 内访问安全、服务器自动迁移等部分进行了适当删减，实现起来更加简单。

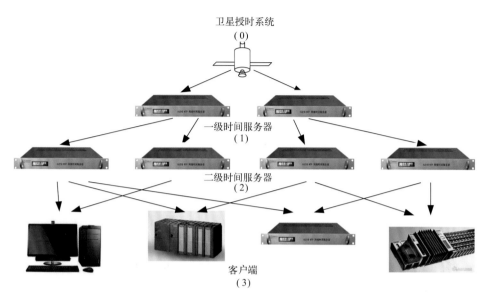

图 6-17　基于网络时间协议的时间同步网络层状架构图

6.4.5　精确时间协议

2000 年年底，由于原有的网络时间协议不能够满足当前工业现场对时间同步日益提高的要求，人们成立了网络精密时钟同步委员会。2002 年，该委员会起草了一份规范，并通过了 IEEE 标准委员会的审查，这份规范就是 IEEE 1588 标准。2008 年，该委员会又发布了 IEEE 1588 标准的第二版，该版本在第一版的基础上做了许多修订，使标准更加完善。IEEE 1588 系统包括多个节点，每个节点代表一个 IEEE 1588 时钟，时钟之间通过网络相连，并由网络中最精确的时钟以基于报文(message-based)传输的方式同步其他所有时钟，这是 IEEE 1588 的核心思想。相比较于网络时间协议，IEEE 1588 的时间同步精度更多地与网络结构、组网元件、主从时钟的结构等多种因素有关。

IEEE 1588 主要通过四种类型的消息报文来测量时钟偏差和网络延时，分别为 Sync 报文、Follow_Up 报文、Delay_Req 报文和 Delay_Resp 报文。四种报文在 IEEE 1588 协议的同步过程中进行的传递过程如图 6-18 所示。

IEEE 1588 的时钟同步过程通过两个步骤实现：主从时钟时间偏差测量和网络延时测量。

主从时钟时间偏差测量过程如下：主时钟向从时钟发出 Sync 报文，并记录发出精确时间 T_{m_1}，从时钟接收到 Sync 报文并记录接收精确时间 T_{s_1}，然后发送包含有 T_{m_1} 信息的 Follow_Up 报文，则可以计算出主从时钟偏差为

$$\text{Offset} = T_{s_1} - T_{m_1} - \text{Delay} \tag{7-3}$$

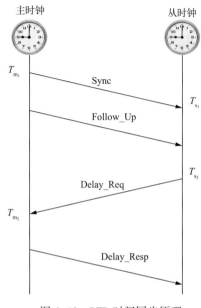

图6-18　PTP 时间同步原理

主从时钟网络延时测量过程如下：从时钟向主时钟发出 Delay_Req 报文，并记录发出精确时间 T_{s_2}，主时钟接收到 Delay_Req 报文并记录接收精确时间 T_{m_2}，然后发送包含有 T_{m_2} 信息的 Delay_Resp 报文，则可以计算出主从时钟网络延时为

$$Delay = T_{m_2} - T_{s_2} + Offset \qquad (7-4)$$

联立式(7-3)和式(7-4)，则有

$$Offset = \frac{(T_{s_1} - T_{m_1}) - (T_{m_2} - T_{s_2})}{2} \qquad (7-5)$$

$$Delay = \frac{(T_{m_2} - T_{s_2}) + (T_{s_1} - T_{m_1})}{2} \qquad (7-6)$$

Sync 报文和 Follow_Up 报文一般周期性发送，因此，对时间偏差的修正也是在每一个 Sync 报文周期进行。而 Delay_Req 报文和 Delay_Resp 报文则随机发送，这是因为在组网结构固定、网络负载变化不大的情况下，网络延时变化基本不大，延时测量不需要频繁进行。在 2008 年推出的 IEEE 1588v2 协议中，还定义了 Announce 报文为 BMC（Best Master Clock）算法服务。

如果一个网络当中使用了 PTP，我们就称这个网络为一个 PTP 域。通常，基于 IEEE 1588 协议的时间同步系统都包含有一个或多个 PTP 域。PTP 定义了三种基本时钟节点：①普通时钟（ordinary clock，OC）。如果在一个 PTP 域之内，某个时钟节点仅使用一个 PTP 端口从上级时钟节点获得同步时间，并且当该节点作为时钟源时，仅能用该端口对下级时钟进行同步，我们就称该时钟节点为普通时钟；②边界时钟（boundary clock，BC）。如果在一个 PTP 域之内，某个时钟节点使用一个端口从上级时钟获得同步时间，并且当该节点作为时钟源时，可以使用多个端口对下级时钟进行同步，我们就称该时钟节点为边界时钟；③透明时钟（transparent clock，TC）。如果在一个 PTP 域之内，某个时钟节点并不与其他节点保持时钟同步，并记录通过其两个端口的报文的传输延时，进而对该报文进行延时校正，我们就称该时钟节点为透明时钟。三种时钟在一个 PTP 域中的位置如图6-19 所示。

标准的 IEEE 1588 协议可以在占用较少的本地资源的情况下保证亚微秒级的时间同步精度，适用于所有通过支持多播的局域网进行通信的分布式系统。相比较于其他时间同步方式，IEEE 1588 协议优势尽显，具体对比见表6-8。

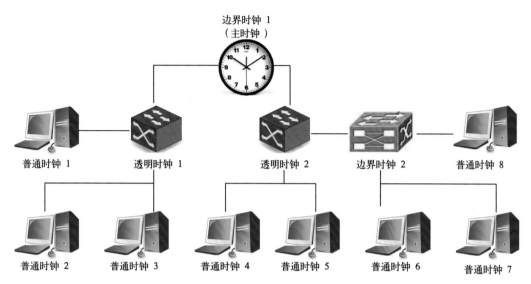

图 6-19　基于 IEEE 1588 协议的基本时钟节点示意图

表 6-8　IEEE 1588 协议与其他时间同步方式对比分析

类别	GPS	NTP	北斗	原子钟	IEEE 1588v2
典型授时精度	20 ns	10 ms	100 ns	10 ns	100 ns
需要卫星覆盖	需要	不需要	需要	不需要	不需要
锁定时间	40 s	30 ns	60 s		60 ns
综合成本	中	低	高	高	低
支持以太网端口	不支持	支持	不支持	不支持	支持
可控性	低	高	中	高	高
安全性	低	低	高	高	中
可靠性	中	高	中	高	高

6.5　海底观测网络通信系统

海底观测网络是一个水下输能通信网络，能够实现水下长时间在线检测。海底观测网络的通信系统负责收集水下科学仪器数据信号，进行整合与传输，将数据输送到岸基站，并储存在数据中心。

6.5.1　组成结构

海底观测网络通信系统可分为五个层次，从顶层到底层分别为岸上系统、主干系统、汇聚层、接入层和仪器层。大型观测网包含完整的五层结构，而小型观测网是大型网络的简化，可适当去掉某些层次的设备。图 6-20 所示为海底观测网的分层模型。每一层次的具体功能如下。

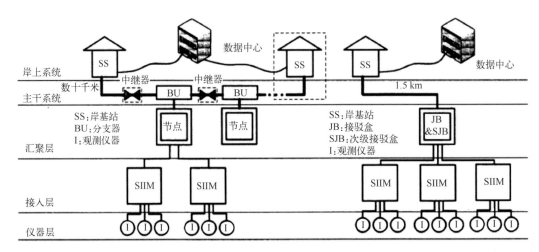

图 6-20　海底观测网分层模型

仪器层位于海底观测网层次结构的最底层，负责直接对海洋进行观测，是海底观测网的"神经末梢"。仪器层的设备包括对海底的环境以及物理、化学、生物量进行观测的终端仪器，也包括观测网与其他系统进行交互的终端。常用的仪器层设备有温盐深剖面仪、浊度计、声学多普勒流速剖面仪（ADCP）、水下相机、水听器及二氧化碳测量仪等。仪器层通信协议根据仪器不同有所区别，常见的协议包括 RS232、RS485 和 TCP/IP 等。

接入层位于观测网络五层结构中的倒数第二层，它通过提供丰富的接口类型来解决仪器层设备的接入问题，实现通信协议转换。

汇聚层设备是海底观测网水下系统的核心，负责汇聚一个区域的数据流，控制节点设备的运行。汇聚层设备作为观测节点的通信核心，汇集来自仪器层和接入层的数据流，然后通过远程传输技术将数据流发送到岸上系统。

主干系统位于海底观测网层次结构的次顶层，其负责连接岸上系统和海底的汇聚层设备。主干系统一般由海底光电复合缆、中继器和分支器构成。主干系统能够在海底延伸数百千米甚至上千千米，使海底观测网能够深入到海洋，到达距离海岸很远的科学观测目标，覆盖大面积的观测海域。

岸上系统位于海底观测网层次结构的最顶层，主要包括两个部分：数据中心和岸基站。数据中心是整个海底观测网的大脑，它是观测网络的数据存储和处理中心，也是观测网络的监控和管理中心，同时还是用户服务中心。岸基站为通信线路提供精确的时钟信号，对观测数据进行暂存和转发。

6.5.2 设备介绍

1）分组传送网光传输设备

分组传送网光传输设备负责将低速光信号或电信号进行收敛，复用成高速光信号进行长途传输。分组传送网高速光信号接口连接海底观测网主干系统，通过光电复合缆中的光纤高速传输，满足带宽需求。分组传送网光传输设备工作在岸基站和汇聚层主级接驳盒，通过海缆相连。

2）路由器

路由器工作在网路层，使用 IP 地址寻址，是连接两个或多个网络的硬件设备，在网络间起网关的作用，是读取每一个数据包中的地址然后决定如何传送的专用智能性网络设备。它能够理解不同的协议，例如，某个局域网使用的以太网协议，因特网使用的 TCP/IP 协议。这样，路由器可以分析各种不同类型网络传来的数据包的目的地址，把非 TCP/IP 网络的地址转换成 TCP/IP 地址，或者反之；再根据选定的路由算法把各数据包按最佳路线传送到指定位置。所以路由器可以把非 TCP/IP 网络连接到因特网上。

海底观测网仪器层除了有线通信设备之外，还有 DOCK 水下潜水器等无线通信设备，在接入层中，使用路由器连接无线 LAN 和有线 LAN 两个不同的数据链路。路由器常用于水下近距离无线通信中。

3）交换机

交换机通常指以太网交换机，工作在 ISO 七层网络模型中的数据链路层。交换机能够识别数据链路层中的数据帧，并将这些数据帧临时存储于内存，再重新生成信号作为一个全新的帧发送给相连接的另外一个网段。交换机使用 MAC 地址寻址。ARP 协议用于寻找 IP 对应的 MAC 地址。交换机内部的 CPU 会在每个端口成功连接时，通过将 MAC 地址和端口对应，形成一张 MAC 表。在今后的通信中，发往该 MAC 地址的数据包将仅送往其对应的端口，而不是所有的端口。

海底观测网络通信系统中，交换机一般用于顶层岸基站的数据交换以及接入层或者汇聚层的数据交换。海底观测网布放于水下，施工维护难度大，成本高，为保证通信可靠，海底观测网中往往使用工业级别较高的工业交换机。

4）串口服务器

串口服务器提供串口转网络功能，能够将 RS232/485/422 串口转换成 TCP/IP 网络接口，实现 RS232/485/422 串口与 TCP/IP 网络接口的数据双向透明传输，使串口设备能够立即具备 TCP/IP 网络接口功能，连接网络进行数据通信，极大地扩展了串口设备的通信距离。

海底观测网仪器层设备通信方式多为 UART 串口通信，UART 串口通信距离短，组网困难，一般将串口信号转为网路信号进行传输，串口服务器能够实现串口联网，解决仪器层通信问题。串口服务器一般工作在接入层，用于仪器通信协议转化。

6.5.3 时间同步方法

基于海底观测网的通信架构，海底观测网时间同步系统如图 6-21 所示。

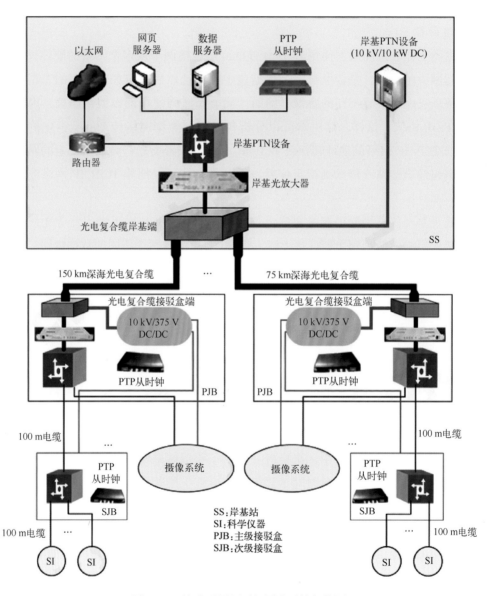

图 6-21 海底观测网时间同步系统架构图

岸基站 NTP 时间服务器和 PTP 时间服务器分别通过 GPS/北斗双参考源组合授时，NTP 和 PTP 时间同步信号经由岸基站光放大器进行放大并通过深海光电复合缆到达主级接驳盒，在主级接驳盒内与 PTN 设备相连。主级接驳盒内的控制设备可通过与 PTN 设备及岸基站时间服务器进行以太网连接来获取 NTP 时间同步信号，实现主级接驳盒的毫秒级时间同步；也可以通过主级接驳盒内的 IEEE 1588 从时钟与 PTN 设备进行以太网连接获取 PTP 时间同步信号，实现主级接驳盒的微秒级时间同步。NTP 和 PTP 时间同步信号由主级接驳盒的 PTN 设备通过 ODI 电缆到达次级接驳盒，在次级接驳盒内与二层交换机相连。次级接驳盒内的控制设备可通过二层交换机与岸基站时间服务器进行以太网连接获取 NTP 时间同步信号，实现次级接驳盒的毫秒级时间同步；也可以通过次级接驳盒内的 IEEE 1588 从时钟与二层交换机进行以太网连接获取 PTP 时间同步信号，实现次级接驳盒的微秒级时间同步。由次级接驳盒层传输至观测仪器层的时间同步信号有 PPS 信号、NTP 同步信号和 PTP 同步信号三种，观测仪器层的终端设备的时间同步方案依据设备的不同有两种方式，对于可以直接与以太网连接的设备，直接与次级接驳盒内的交换机相连以获取 NTP 或 PTP 时间同步信号，实现时间同步；对于不能直接与以太网相连的设备，通过采用脉冲信号发射接收电路的方式进行对时。为实现微秒级的时间同步，普通交换机应尽量避免在网络中使用，作为替换应使用支持 IEEE 1588 协议的 PTP 交换机。

海底观测网时间同步系统的实现包括岸基站、接驳盒层以及观测仪器层的实现。

6.5.3.1　岸基站实现

为满足对时间同步的覆盖范围广、稳定性好、精度高等严格要求，目前普遍采用的方式是利用 GPS 进行授时。但是从 GPS 的所有权和控制权以及授时方式单一等方面进行考虑，全球定位系统的使用对我国国防、民计民生等方面存在着严重的安全隐患。而北斗卫星导航系统是我国正在实施的自主研发并独立运行的全球卫星导航系统，已经产生了显著的经济效益和社会效益。北斗卫星导航系统的最大优势体现在它的兼容性、自主性和开放性，最重要的是摆脱了过分依赖国外的局面，保证了国家安全。最新的报道显示北斗卫星授时系统可达 50 ns 授时精度，也充分证明北斗卫星授时系统是实现高精度时间同步的有效途径。为了兼顾性能与安全，岸基站时间同步设计可采用 GPS/北斗组合授时的模式。

NTP 和 IEEE 1588 协议在海底观测网岸基站的实现如图 6-22 所示。采用的 PTP 主时钟可同时输出 NTP 同步信号和 PTP 同步信号。PTP 主时钟和备用 PTP 主时钟可以直接接收 GPS 信号作为时间源，或者通过北斗模块间接接收北斗卫星信号作为时间源。系统设置默认选择 PTP 主时钟作为岸基站主时钟，当 PTP 主时钟失效时，选择备用 PTP 主时钟作为岸基站主时钟直至 PTP 主时钟恢复正常运行。岸基站主时钟处理接收到的时间源并输出 NTP 同步信号和 PTP 同步信号；岸基站主时钟输出的 NTP 同步信号和 PTP 同步信号，连同岸基站数据服务器以太网信号和岸基站网页服务器以太网信号输入岸基站 PTN 设备，将电信号转换成光信号通过深海光电复合缆传输至海底观测网。

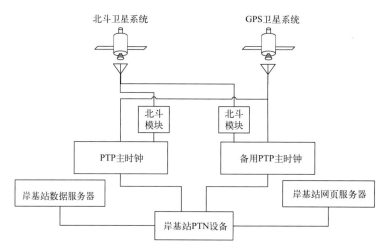

图 6-22 海底观测网岸基站时间同步示意图

岸基站关键设备包括 PTP 主时钟和北斗模块：① PTP 主时钟。PTP 主时钟需要有较高精度基准，可以直接接收 GPS 卫星信号，也可以通过外挂北斗模块接收北斗卫星信号，还可接收另一台时间服务器提供的 NTP/PTP 信号作为基准源，设备内置的高质量恒温晶振(high quality-oven controlled crystal oscillators，HQ-OCXO)为高端应用提供高性能同步服务；② 北斗模块。北斗模块可接收 GPS 和北斗卫星信号，为用户提供精确时间信号的同时有着超强的时间保持能力。对于一些无法使用天线的设备，可以利用便携仪表先同步此设备，同步后依靠设备内部的时钟来进行授时，用户在一次同步之后，可以保证至少一个月的时间内获得 10 ms 内的 NTP 授时精度。

6.5.3.2 接驳盒层实现

接驳盒层时间同步系统的实现，分为主级接驳盒和次级接驳盒，其中主级接驳盒的控制单元为西门子 PLC，次级接驳盒控制单元为嵌入式 PC。

主级接驳盒控制单元与岸基站主时钟通过 NTP 协议实现时间同步，如图 6-23 所示。

次级接驳盒控制单元(Beckhoff 嵌入式 PC)可直接与岸基站主时钟通过 SNTP 协议实现时间同步，也可通过 IEEE 1588 模块与岸基站主时钟通过 PTP 协议实现高精度时间同步。次级接驳盒控制单元通过 SNTP 协议实现时间同步如图 6-24 所示。

次级接驳盒控制单元通过 PTP 协议实现时间同步需要在次级接驳盒内增加一个硬

件支持的 IEEE 1588 模块，如图 6-25 所示。IEEE 1588 模块通过光纤以太网与岸基站 PTP 主时钟进行微秒级时间同步，并结合嵌入式 PC 的 PPS 专用输出端，可输出微秒级精度的秒脉冲信号。

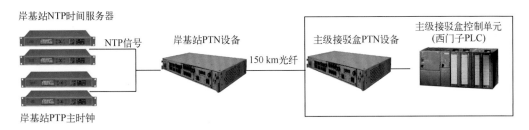

图 6-23　主级接驳盒控制单元时间同步实现图

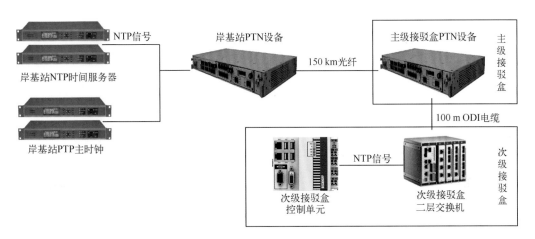

图 6-24　次级接驳盒控制单元 SNTP 时间同步实现图

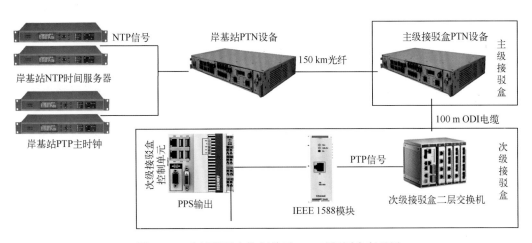

图 6-25　次级接驳盒控制单元 PTP 时间同步实现图

6.5.3.3 观测仪器层实现

（1）PTP 从时钟。观测仪器层 PTP 从时钟可选用专业的时间同步卡板，专业的 IEEE 1588 从时钟具有非常出色的时间同步性能。无论是在 SDH/SONET 网络、PTN 网络，还是在以太局域网，这种 PTP 从时钟都具有高精度同步性能。持续分析网络中 PTP 数据包的传输时延变化，从而持续保持 PTP 高精度同步，最大的特点是通过地面链路同步，不再依赖 GPS/北斗卫星信号。

（2）分配放大器。信号分配放大器可选用多输出时间信号扩展装置，可以为需要输出多路信号的应用环境提供高性价比的解决方案。可根据实际应用选择输出卡数量及输出信号类型，提供多路各类时间信号输出。

对于海底观测仪器而言，如何将接收到的 PPS 信号、NTP 同步信号和 PTP 同步信号转换为所需要的时间并对观测仪器的采样活动进行控制，也是需要确定的内容之一。鉴于接入海底观测网的观测仪器的多样性，将其分为 4 类，并依据分类情况进行时间同步的应用分析。

（1）A 类观测仪器。A 类观测仪器是指有指定的操作系统且时间同步精度要求为毫秒级的设备。指定的操作系统包括 Windows XP、Windows CE、Linux 等，由于时间同步精度为毫秒级，因此直接利用 NTP 协议进行时间同步，采用客户端/服务器模式，在 A 类观测仪器端安装客户端软件。A 类观测仪器时间同步方式如图 6-26 所示。

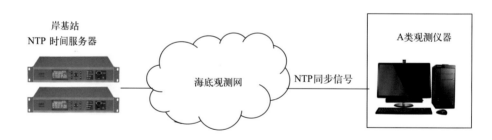

图 6-26 A 类观测仪器时间同步实现图

（2）B 类观测仪器。B 类观测仪器指的是有指定的操作系统，无冗余空间，时间精度要求为微秒级的设备。由于此种设备无冗余空间，因此无法安装 PTP 从时钟，与此同时，时间精度要求为微秒级，因此采用 NTP 同步信号和 PPS 信号相结合的方式进行时间同步。利用 NTP 协议，采用客户端/服务器模式，可以获得精度为毫秒级的年月日时分秒信息，然后再结合 PPS 信号便可以获得微秒级时间同步。

B 类观测仪器时间同步方式如图 6-27 所示，PPS 信号、NTP 同步后获取的年月日时分秒与 UTC 时间的时序如图 6-28 所示。

图 6-27 B 类观测仪器时间同步实现图

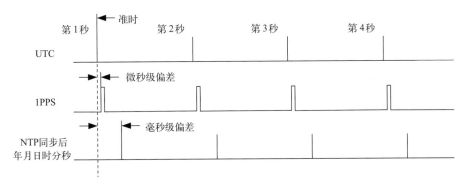

图 6-28 时间同步信号时序图

（3）C 类观测仪器。C 类观测仪器指的是有足够冗余空间，时间精度要求为微秒级的设备。对于此类设备的时间同步而言，可以考虑在观测仪器内安装 PTP 从时钟，通过 PTP 从时钟与岸基站 PTP 主时钟获得包括 PPS、IRIG-B、10 MHz、E1、RS232、RS422 等多种格式和接口的时间信号实现时间同步，如图 6-29 所示。

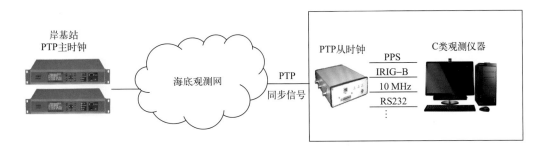

图 6-29 C 类观测仪器时间同步实现图

（4）D 类观测仪器。D 类观测仪器指的是无操作系统、无冗余空间的设备，如单片机等。由于此类设备无法直接使用 NTP 同步信号或者 PTP 同步信号，因此要想得到具有一定精度的年月日时分秒信息，需要通过以太网向岸基站服务器或者次级接驳盒控制单元请求年月日时分秒时间信息，然后再结合微秒级精度的 PPS 信号，给设备的采样打上精确的时间戳，如图 6-30 所示。此种方案实际上是利用高精度 GPS 秒脉冲对科学仪器本地时钟获得的时间信号进行误差补偿。

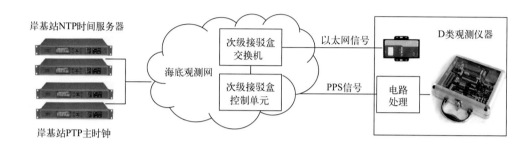

图 6-30　D 类观测仪器时间同步实现图

参考文献

陈敏，2005. 基于 NTP 协议的网络时间同步系统的研究与实现[D]. 武汉：华中科技大学.

何一航，2011. IEEE 1588 高精度网络时钟同步研究与实现[D]. 武汉：华中科技大学.

李德骏，汪港，杨灿军，等，2014. 基于 NTP 和 IEEE 1588 海底观测网时间同步系统[J]. 浙江大学学报（工学版），48(1)：1-7.

刘凯，2010. 时间统一技术研究及应用[D]. 西安：西安电子科技大学.

李晓珍，2011. 基于 IEEE 1588 的网络时间同步系统研究[D]. 临潼：中国科学院研究生院（国家授时中心）.

凯泽，2002. 光纤通信：第三版[M]. 李玉权，崔敏，浦涛等译. 北京：电子工业出版社.

拉马斯瓦米，斯瓦拉扬，2004. 光网络[M]. 乐孜纯译. 北京：机械工业出版社.

韦乐平，2002. 智能光网络的发展与演进结构[J]. 光通信技术(3)：4-7.

汪港，2012. 基于 NTP 和 IEEE 1588 协议的海底观测网时间同步系统设计与研究[D]. 杭州：浙江大学.

王廷尧，2005. 以太网技术与应用[M]. 北京：人民邮电出版社.

周卫东，罗国民，朱勇等，2005. 现代传输与交换技术[M]. 北京：人民邮电出版社.

DEL RÍO J, TOMA D M, SHARIAT-PANAHI S, et al., 2013. Smart IEEE-1588 GPS clock emulator for cabled ocean sensors[J]. IEEE Journal of Oceanic Engineering(99)：1-7.

DEL RÍO J, TOMA D, SHARIAT-PANAHI S, et al., 2012. Precision timing in ocean sensor systems[J]. Measurement Science and Technology, 23(2)：025801. 1-025801. 7.

FERRARI P, et al., 2008. IEEE 1588-based synchronization system for a displacement sensor network[J]. IEEE Transactions on Instrumentation and Measurement, 57(2)：254-260.

LI D J, WANG G, YANG C J, et al., 2013. IEEE 1588-based time synchronization system for a seafloor observatory network[J]. Journal of Zhejiang University(Science C), 14(10): 766-776.

LI D J, WANG J, YANG C J, et al., 2015. Research and implementation of an IEEE 1588 PTP based time synchronization system for Chinese experimental ocean observatory network[J]. Marine Technology Society Journal, 49(1), 47-58.

MILEVSKY A, WALROD J, 2008. Development and test of IEEE 1588 precision timing protocol for ocean observatory networks[C] //IEEE. OCEANS 2008, September 15-18. Quebec City: IEEE: 1-7.

7 海缆故障诊断与隔离

7.1 概述

海底观测网的故障主要是指海底观测网水下部分的故障，根据物理层划分，可以分为水下设备故障和海缆故障。水下设备故障可以通过监测水下节点的电压、电流以及环境信号等状态信息进行故障诊断，当负载发生故障时，水下节点控制器通过控制继电器对发生故障的负载进行故障隔离。相比水下设备故障，海缆故障比较难处理。

7.1.1 海缆故障特性分析

海缆故障分为开路故障、高阻故障和低阻故障三种。根据故障的发生位置，海缆故障又可分为主干缆海缆故障和支缆海缆故障。

（1）开路故障。海缆内部的铜导体由于外力作用在海缆内部断开，该段海缆不能正常传输电能，而海缆的绝缘能力仍处于正常的状态。在实际海底环境中，海缆发生开路故障时必然伴随着严重的低阻故障，在这里，单纯的开路故障是指用于海缆连接的水下分支器的开关存在误操作，断开某一路主干缆或支缆开关，造成系统开路的现象［图7-1（a）和图7-1（b）］。其中，当支缆开路时，该支缆连接的水下节点与岸基站失去通信连接，可作为支缆开路的判断依据。

（2）高阻故障。海缆的绝缘出现破损但不太严重，破损处的铜导体与海水之间的接地电阻阻值较高，一般在数千欧姆到数百千欧姆之间，此时海底观测网仍然能够正常供电，带载能力有所降低［图7-1（c）］。闪络故障是一种特殊的绝缘故障，当电缆正常进行高压供电时，电缆的绝缘缺陷处被击穿，然后绝缘又恢复，即在一些特殊条件下，绝缘被击穿后又恢复正常的电缆故障。

（3）低阻故障。海缆绝缘破损严重，海缆的铜导体与海水之间直接接触或者呈现一个极低的电阻值，一般在数欧姆到数十欧姆之间［图7-1（d）］。

高阻故障和低阻故障统称为接地故障，是海缆故障的主要形式。接地故障的原因，一方面由于海缆加工制造缺陷，在海缆带载工作过程中，逐渐衍变为绝缘失效；另一方面主要是由施工过程、自然灾害、船舶抛锚、渔业拖网以及鱼类撕咬等外部因素导致的。

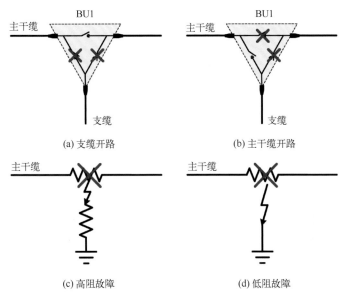

图 7-1 海底观测网海缆故障

当系统存在开路故障或者高阻故障时，水下节点处的电压变化不大，海底观测网仍然能够正常运行，但是带载能力会变弱。高阻故障不用立即处理，但是时间长了，可能会发展为低阻故障。低阻故障是一种极其严重的接地故障，可导致整个海底观测网运行崩溃：一方面，海缆上的电流急剧增加，超过海缆所能承受的最大电流值，对海缆造成损伤；另一方面，水下节点处的电压值将跌落至水下节点可正常工作的阈值电压以下，水下节点不能正常工作。低阻故障必须立即进行故障处理，隔离发生故障的海缆。

7.1.2 海缆故障原因

7.1.2.1 海底环境特点

海缆的运行环境与陆地电缆不同，有其特有的特点。

(1)海底地形复杂。我国东海和南海多属于地震多发区。历史上，地震发生时，海缆在几乎同一时间内发生多处断裂的现象多有发生。1929年发生在纽芬兰南面约400 km 的大浅滩(Grand Banks)海底地震造成了密集分布在这个海域的海缆大量断裂。在奥尔良维尔(Orleans Ville)发生的地震也出现了类似情况。2004 年，在日本海域和我国的台湾海域发生的地震也造成了海缆的断裂。尽管到目前为止，在我国东海和南海尚未发生因地震造成海缆断裂的事件，但地震对海缆工程的影响不容忽视。

（2）捕捞船只作业频繁。我国东海和南海渔业作业的船只比较多，尤其是东海，渔业作业船密度比较大，再加上现在渔船的设备越来越先进，船锚对深埋在海底的电缆的威胁也越来越大，海缆遭受船锚破坏的概率大大增加。

7.1.2.2 海缆损坏原因

统计资料表明，95%的海缆损坏是由外力导致的，比如渔业、航运等活动期间造成的。海缆损坏原因主要有以下几点。

（1）海缆敷设过程损坏。敷设海缆使用的是布缆船，装载在布缆船上的海缆，在张力的驱使下敷入水中，其过程与张力性质及大小、船速、布缆设备运转有关，如图7-2所示的海缆在敷设过程中的受力情况，也就是说，海缆的敷设过程中的受力情况与布缆船及其敷设设备的运转状态有关。因此，在布缆船运输海缆过程中，可能由于受到机械撞击、挤压等情况，使电缆铠装外皮破损、电缆金属屏蔽层损伤甚至电缆变形。又或者在布缆船敷设安装海缆过程中，由于电缆所受到的拉力或者张力过大，而引起电缆的过度弯曲，导致铠装破损、绝缘撕裂等。

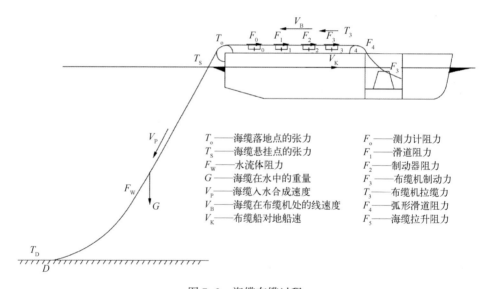

图7-2　海缆布缆过程

（2）捕捞和海水养殖业对海缆造成的损坏。由于我国近海渔业资源日益匮乏，传统的捕捞工具被现代化的大型渔轮及捕捞工具替代，捕捞船只的密度从1993年的43 656艘次增加到1996年的52 000艘次，这还未包括常年在我国海区作业的我国台湾地区的捕捞船，以及韩国和日本的渔船。目前渔业生产的方式主要有流刺网类、拖网类、围网类、张网类、钓具类、笼壶类等，其中以张网类中的翻杠张网和帆张网对海缆造成的损坏最为频繁和严重。翻杠张网属双桩竖打张网，在水流转向时，网能自动翻转迎流。一般将竹桩打入海底 1.5 m 左右、铁桩打入 2~2.5 m，网具间距 40 m，在水深 15 m 以下的浅海海域集中而广泛地布置。因此对埋设的海缆危害很大。

（3）航运和海洋工程船只对海缆造成的损坏。这类船舶损坏海缆的主要原因是任意抛锚，如敷设在镇江—江心洲的电力电缆、中国联通深圳—珠海海底光缆，曾屡次被航运船只抛锚损坏。航运船只一般使用霍尔锚，锚重 2~10 t、锚抓力 0.34~69.0 t、入土深度 1.0~2.0 m。值得一提的是海洋工程施工船舶对海缆造成的锚害，这类船只排水量很大，且线型简单，大部分呈箱型船体，水阻力较大，为了稳定锚泊在海上进行相关作业，所配置锚数量很多，最多可有 10 只。由于此类船只的锚上基本不设锚链，锚泊力全部由锚提供，锚重 5~8 t，甚至更大，锚型则都为大抓力海军锚，入土深度达到 2 m 以上。在东海大桥施工期间，打桩船、起重船及混凝土搅拌船曾多次将埋设于海底的芦潮港—嵊泗的复合电缆等损坏。

（4）自然条件造成海缆的损坏。海缆长时间与海底裸露基岩摩擦会造成损坏，如桃花岛—虾峙岛海底光缆，在桃花岛一侧的光缆与海底基岩发生摩擦而损坏。海底地形发生变化也会使光缆损坏，如常熟—南通光缆线路，因南通侧边坡失稳塌方而将光缆损坏。江阴—靖江火车轮渡的水底光缆因冲刷形成局部"架桥"，光缆在水流的作用下产生激振疲劳而损坏。滩涂部分的海缆在潮汐、波浪共同作用下，由原来埋设一定深度至变浅直至裸露，从而被船只搁浅等损坏，如浯屿—岛美电力电缆在浯屿侧的损坏。

7.2 海缆故障诊断

7.2.1 传统海缆故障诊断

传统的海缆故障诊断方法分为普通故障诊断方法和精确故障诊断方法，普通故障诊断方法对故障点的定位精度比较差，一般与精确故障诊断方法结合使用，首先利用前者对故障点的大概位置进行故障定位，然后利用后者再精确探测故障点。

7.2.1.1 普通故障诊断方法

（1）电桥法。在电缆的一端通过双臂电桥，测出电缆缆芯的直流电阻值，根据电缆长度与电阻的严格比例关系，计算故障的位置。该方法只适合低阻故障以及短路故障。

（2）脉冲反射法。脉冲反射法常用的有脉冲电流、脉冲电压及脉冲回波，它们的相同点都是通过放电脉冲在测量点与故障点往返一次所需的时间来测定故障点的测距，只需知道脉冲传播速度就可计算出故障发生点的距离，脉冲反射法原理如图 7-3 所示。

它们的不同之处在于脉冲电压法不必将高阻与闪络性故障烧穿，直接利用故障击穿产生的瞬时脉冲信号，测量速度快、数据准确方便，但安全系数不高；而脉冲电流法则将电缆故障点用高压击穿，使用仪器采集并记录下故障点击穿产生的电流行波信号，根据电流行波信号在测量端与故障点往返一趟的时间来计算故障距离，此方法操作安全，接线也方便。脉冲回波法除了可以用脉冲信号的形式测定故障点位置外，还可以反射波形识别电缆接头与分支点的位置，但只适用于低阻与断路类型的故障。

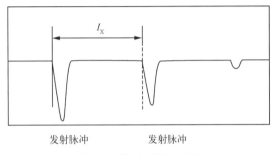

图 7-3　脉冲反射法原理

（3）驻波法。驻波法是利用传输线路的驻波谐振现象，对故障电缆进行测距。该方法适用于低阻故障以及开路故障。

（4）故障点烧穿法。这种方法主要应用于高阻故障，设备通过输入直流负高压，对高阻故障点进行处理，使故障点产生电弧放电并碳化绝缘介质，碳化连接点电阻低，使高阻故障变成低阻故障，再应用低压脉冲法就可以测出。故障点烧穿法主要用于油纸绝缘电缆。

（5）闪络法。这种方法是利用故障点瞬间放电产生多次反射波。故障点的放电是在高电压作用下进行的。闪络法包括直流高压闪络测量法（直闪法），主要用于测量电缆的闪络性高阻故障，还包括冲击高压闪络测量法（冲闪法），主要用于测量电缆的泄漏性故障。相比之下，直闪法的波形简单、容易理解，准确度高；冲闪法的波形比较复杂，辨别难度较大，准确度较低，但适用范围更广。

7.2.1.2　精确故障诊断方法

音频法是基于故障电缆和大地或海水之间流动的电流产生的磁通的相位差以及故障点前后磁通变化的规律性发展起来的，实际使用中，通过在故障电缆和大地施加一个低频率低幅值的交变电流，利用音频接收机检测故障点的磁通，即所谓的"听音"即可确定故障点的位置。该方法对于接地电阻低于 $100\ \Omega$ 的故障检测尤其有效。

脉冲反射法和驻波法是最常用的两种故障诊断方法，但是不同于海缆输电系统，海底观测网的主干缆上还存在着水下分支器、中继器等水下设备，这些设备的存在将对脉冲反射法和驻波法发射的信号产生干扰。因此,脉冲反射法和驻波法不适用于海底观测网的故障诊断。音频法可以在故障点的位置粗略确定后,用于海底观测网海缆故障的精确定位。2015 年,在南海海底观测网试验网络中曾借助音频法对海缆故障的故障点进行精确定位。

7.2.2　海底观测网海缆故障诊断

海底观测网从组成架构和电能传输方式来说,可归类为一种新形式的直流微网,但同时又具备一些独特的特点:①应用环境。海底观测网布放于海底,整个海底观测网对于操作人员来说是不透明的,因此当故障发生时,用于故障诊断的数据及信息相对较少,另外海底的极端环境决定了海底观测网对于水下设备的体积有严格的要求;②负载分布。海底观测网的水下负载分布较为分散,每两个负载之间的跨度为数十千米甚至数百千米,用于传输电能的光电复合缆上的寄生参数必须考虑;③网络架构。海底观测网的通信系统往往依赖于供电系统的建立,当供电系统失效时,通信系统也会同时失效。因此,陆缆故障诊断方法和传统的海缆故障诊断方法均不能直接用于海底观测网海缆的故障诊断。图 7-4 所示是一个典型的双岸基恒压供电的环网型拓扑海底观测网。

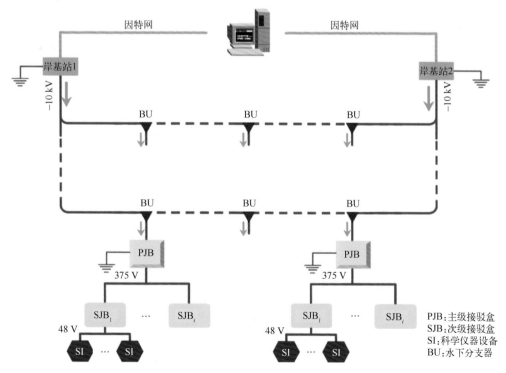

图 7-4　双岸基环网型拓扑海底观测网

该拓扑结构的海底观测网主要特点如下：①该网络由两个岸基电源、光电复合缆、多个水下分支器和多个水下节点组成，每个水下节点包括一个主级接驳盒、多个次级接驳盒和多个终端设备；②采用以海水作为供电回路的单极直流负高压(一般为 -10 kV)输电方式，阳极属于易损耗型材质，埋设在岸站上方便更换，阴极则随水下节点布放在海底；③每个水下节点连接一根单芯分支缆，通过水下分支器与海底观测网的主干缆连接。

不同于普通海缆系统，海底观测网存在较多的水下节点，且大多数情况下水下节点的状态信息(如电压、电流等)对于岸基操作人员是可监测的，即使海底观测网由于短路故障造成系统的整体失效，岸基操作人员依然可以通过操作相关的分支器获取一定的状态信息，辅助进行海底观测网海缆故障诊断。

目前，国内外对于海底观测网的海缆故障诊断已经有了一些研究，然而相关方案并不成熟，尚未形成统一的诊断标准。本书以国内外典型的海底观测网为例，介绍其对应的海底观测系统海缆故障诊断方案。

7.2.2.1 NEPTUNE 海底观测网

NEPTUNE 是第一个真正意义上的基于直流恒压供电的区域性缆系海底观测网，位于北美太平洋的胡安·德富卡板块，于 2009 年 12 月正式启用。NEPTUNE 的整个网络拓扑结构是一个顶层为环形结构、底层为树形结构的复杂网络观测网，由岸基站、光电复合缆、水下中继器、水下分支器以及水下节点组成，所有水下节点以并联的形式通过分支缆和水下分支器连接到水下网络中，观测范围覆盖水下 17~2 660 m(图 7-5)。水下监测设备监测到的深海物理、化学、地质和生物等科学数据通过海底观测网的通信系统实时传回陆地，并通过因特网与世界各地的实验室和科研人员实现信息共享。

NEPTUNE 海底观测网最初由加拿大的维多利亚大学和美国的华盛顿大学共同研究，他们在海缆故障诊断方面的研究取得了一定的进展。Schneider 等通过研究拓扑结构错误对系统测量方程的残差的影响，提出拓扑结构错误的诊断方法。该方法需要系统在正常工作模式下，通过变换系统的电压来产生一系列数据，计算方法相对复杂。美国华盛顿大学的 Lu(2006)针对 NEPTUNE 海底观测网的拓扑结构提出一套完整的故障诊断、定位算法，在系统拓扑结构已知的情况下，通过检测岸基站的输出电压和电流以及所有水下节点的电压和电流值来建立节点状态方程，对海缆的故障类型、故障点位置进行诊断和定位。华盛顿大学的 Chan(2007)在 Lu(2006)的基础上，对于低阻故障点的故障定位方法提出改进，主要考虑了主干缆上稳压二极管的分压作用，在系统拓扑结构已知的情况下，通过对系统的多个供电路径建立多个非线性方程来求解，确定系统的故障点。

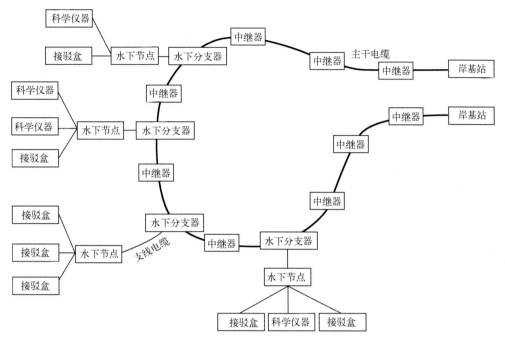

图 7-5   NEPTUNE 结构示意图

7.2.2.2   DONET 海底观测网

日本的 DONET 海底观测网是目前最成熟的基于直流恒压输电方式的海底观测网，主要用于地震、海啸等自然灾害的监测和预警。DONET 海底观测网主要包括岸基站、海缆、中继器、水下分支器、终端单元和水下节点，主干缆采用 1 A 电流供电，节点多达 20 个。两个岸基站位于陆地上，通过海缆连接形成一个环路，所有的中继器、水下分支器以及终端单元都以串联的方式连接到水下网络中。海缆的总长度为 320 km，每隔 40~80 km 有一个中继器用于对光信号进行放大，保证信号的远距离传输。水下分支器的作用是从主干缆上为终端单元分支出电能供给渠道和通信渠道。终端单元为水下节点连接网络提供一个连接接口，两者之间通过一根高压光电湿插拔海缆连接。

DONET 海底观测网基于直流恒压供电，对于低阻故障的鲁棒性较强，即使低阻故障存在的情况下，海底观测网依然能够正常运行并获取水下节点线路电压、电流等状态信息，根据线路电量状态信息进行故障诊断和故障定位。在 DONET 海底观测网用于电能和通信传输的海缆中有一对独立的光纤专门用于在水下分支器和岸基站之间建立通信通道，当某个水下节点发生故障或者需要进行维护时，岸基站可以通过控制水下分支器中的继电器，将该水下节点旁路从网络中切出。该水下节点的维护工作不影响其他水下节点的正常工作。

7.2.2.3 国内的海底观测网

国内对海底观测网的研究起步较晚。近些年，在国家以及地方政府的支持下，浙江大学、同济大学、中国海洋大学以及中国科学院等单位，相继就海底观测网的输电技术、接驳盒技术、海缆故障诊断技术等展开相关研究，并取得了一定的成果。2012 年起，浙江大学 HOME 团队联合多家单位展开单岸基双节点的树形拓扑海底观测网研究，这是国内对多节点海底观测网的第一次尝试，并于 2016 年 9 月成功地在我国南海完成布放，布放最大水深达 1 700 m，是国内首个深海海底观测网，至今仍稳定运行。

国内海底观测网的研究主要受多学科对海洋探索的需求所驱动，已建的海底观测网均采用直流恒压输电方式，节点数量较少。海底观测网未来的发展趋势必然是区域性的多节点方式，国内海底观测网海缆故障诊断技术仍处于研究阶段。

中国科学院沈阳自动化研究所对双岸基多节点网络拓扑结构的海底观测网的故障诊断方法进行了相关研究，通过将小波分析方法与加权最小二乘法相结合，消除了传感器故障的影响，采用平均测量残差值进行海缆开路故障的识别，并利用故障前后的电压变化值进行海缆开路故障的区间定位。同济大学提出利用平均绝对残差的方法来对系统的拓扑结构进行拓扑辨识，通过海缆通信监控系统对海底观测网的海缆进行故障检测与定位，当接地故障发生时，通过海缆通信监控系统不断切换水下分支器的继电器状态，监测岸基电源输出电流的变化，来确定海缆故障点。

浙江大学设计基于主干缆电压信号数字编码来实现远程控制水下分支器，实现水下节点的主动接入或切出，以及海缆低阻故障的自动隔离。继而开展海底观测网的故障诊断、定位算法研究，在海底观测网拓扑结构已知的情况下，通过建立海底观测网的节点状态矩阵方程，根据节点状态残差的特征实现海缆开路故障和高阻故障的故障诊断与定位。针对海缆发生低阻故障时的系统特点，通过测量电源电压、电源电流、节点电流，求解节点电压、故障点位置系数等状态量，通过加权最小二乘法对状态量进行最优估计，结合水下分支器的故障自动隔离功能，实现低阻故障的故障定位。

7.3 海缆故障隔离

7.3.1 水下分支器原理

海缆故障隔离主要基于连接主干缆和分支缆的水下分支器实现。传统的水下分支器仅仅简单地将主干缆上的铜导体一分为二为水下节点供电，随着海底观测网节点的增多，为了提高整个系统的可用度，水下分支器开始扮演水下节点开关的角色，负责水下节点在整个系统中的接入和切出。水下分支器的设计需求如下：①水下节点的维护以及更换是不可避免的,为了不影响其他水下节点的正常工作,能够对目标水下节点进行主动隔离;②当海缆存在高阻故障,能够对故障段海缆进行主动隔离维护,避免高阻故障发展为极端的低阻故障;③当海缆存在低阻故障时,能够对故障段海缆进行自动隔离,协助低阻故障的故障定位。

典型的水下分支器如图7-6所示,一个水下分支器包含四个继电器,通过控制四个继电器的协调动作,可以实现隔离支缆、隔离左端和隔离右端三个功能,满足海底观测网的故障隔离所需的所有情况。

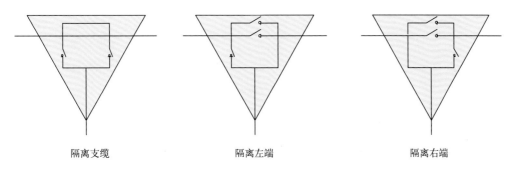

图7-6　水下分支器的隔离动作

针对水下分支器的研究,美国华盛顿大学的 EI-Sharkawi 等(2005)基于 NEPTUNE 海底观测网提出水下分支器的两种设计方案(图7-7):方案1,水下分支器的控制通过相邻的水下节点来完成,在该方案中,岸基站操作人员通过与水下节点通信,控制水下分支器的闭合或断开,可控性比较强;方案2,通过改变海缆上电压的等级和极性,控制水下分支器内继电器的闭合或断开,在该方案中,水下分支器与水下节点相互独立,水下节点的失效不影响水下分支器的正常工作。该方案只有简单的两个命令,+500 V 和−500 V,其中+500 V 控制所有水下节点的继电器闭合,而−500 V 进入故障诊断模式,当海底观测网中存在低阻故障时,对故障海缆进行故障隔离。Lu 等(2006)设计的水下分支器最后并未用于 NEPTUNE 海底观测网的实际建设中,NEPTUNE 海底观测网实际建设中的水下分支器采用恒压供电方式,通过专用的一对光纤在岸基站与水下分支器之间建立通信,水下分支器是可控的,且水下分支器的继电器状态是可见的,日本的 DONET 海底观测网采用类似的水下分支器方案。

水下分支器的设计难点在于控制水下分支器的信号载体的设计,水下分支器如何准确接收岸基站操作人员的控制命令,并执行相关开关动作。在上述三个方案中,分别采用海缆上电压等级、电压极性以及光学信号作为信号载体,各有优缺点,其特征见表7-1。

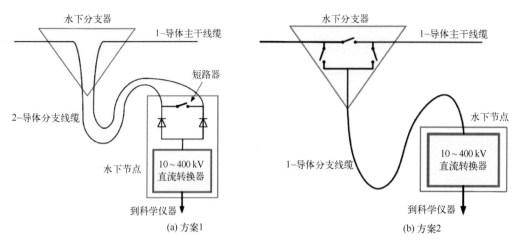

图 7-7   NEPTUNE 海底观测网水下分支器设计方案

表 7-1   现有的故障隔离方案相关特点比较

故障隔离方案	优点	缺点
El-Sharkawi 等（2005）方案 1	岸基站与水下分支器建立双向通信；水下分支器主动可控且状态可知	支缆为双芯海缆，成本较高；继电器工作在-10 kV 环境下，可靠性差，必须考虑直流电高压灭弧；水下节点的失效将导致水下分支器的不可控；对主干缆低阻故障没有抵抗力
El-Sharkawi 等（2005）方案 2	水下节点与水下分支器相互独立；继电器工作在低电压环境，可靠性高，可避免直流电高压灭弧问题；主干缆低阻故障可以自动隔离	继电器的闭合和断开都是自动的，不能主动可控；岸基站与水下分支器建立单向通信；水下分支器的状态不可知
光学控制方案（NEPTUNE 及 DONET 海底观测网选用方案）	岸基站与水下分支器建立双向通信；水下分支器主动可控且状态可知；主干缆低阻故障不影响水下分支器工作	继电器工作在-10 kV 环境下，可靠性差，必须考虑直流电高压灭弧；水下分支器结构复杂，包括分光器、电能转换器、交换机等设备，体积大，成本高，可靠性差

　　本书主要讨论以海缆上的电量信息作为信号载体的水下分支器结构。海缆上电量的等级、极性均可作为岸基站与水下分支器通信的信号载体，由于电量的极性只有两个，可以传递的信息有限，而电量等级的变化却可以有多种，可以传递足够多的命令信息。因此，研究通常选择基于海缆上电量等级的变化，在岸基站与水下分支器之间建立单向通信，控制水下分支器中继电器的通断。

　　电量包括电压和电流，利用海缆上电量等级变化来进行信息传递，主要基于两种不同的思路开展：①利用电量的离散等级来表示不同的控制命令，每个电量等级控制一个水下分支器中一个继电器的闭合或者断开。此时海缆上的电量为模拟信号，所有水下分支器对海缆上的电量信号进行采样和识别，只有对应的水下分支器才会响应控制命令，驱动相应的继电器动作；②选择两个不同的电量等级，其中较高的电量等级模拟数字信号的高电平"1"，较低的电量等级模拟数字信号中的低电平"0"，通过制定通信协议，利用高低电平信号的不同组合代表不同的控制命令，控制水下分支器的动作。

上述两种方案均能实现对水下分支器的主动控制，但是有一个前提条件，即方案中所涉及的所有电量等级必须都能满足水下分支器正常工作所需要的功耗要求。这里，将思路1的水下分支器命名为模拟电量型水下分支器，思路2的水下分支器命名为数字电量型水下分支器。电量信息又可以分为电压信息和电流信息，因此，所设计的水下分支器可分为模拟电压型水下分支器、模拟电流型水下分支器、数字电压型水下分支器和数字电流型水下分支器四种。

模拟电量型水下分支器和数字电量型水下分支器从控制原理上，均能满足水下分支器的控制功能。从电路实现方面对比，模拟电量型水下分支器的控制电路设计相对比较简单，由于每个水下分支器仅需要对特定窗口的电量响应，因此可以通过简单的开关电路或者比较器实现，电路的可靠性高。然而，每个水下分支器对应的电量响应窗口不同，因此每个水下分支器的控制电路的参数也不同，当网络中节点比较多时，所有水下分支器的电路参数调整将变得复杂；数字电量型水下分支器的控制电路需要集成一块控制芯片来实现控制逻辑判定，电路设计相对复杂一些。由于主干缆上为强电传输，其电量波动可能损坏控制芯片，电路的可靠性相对差一些。然而数字电量型水下分支器的控制逻辑主要由控制芯片实现，所有水下分支器的电路设计均相同，仅控制芯片烧写的程序存在些许不同，就硬件电路设计而言，具备标准化的特征，电路的焊接及调试更加简单。

从配置数量方面对比，受限于海底观测网的主干缆及主要元器件的最大耐压值和耐流值，模拟电量型水下分支器的最大数量受到限制，不能满足多节点海底观测网的网络配置需求；数字电量型水下分支器由于只需要两个电量等级，从此意义上讲，水下分支器的数量不受限制。

从命令识别方面对比，如果模拟电量型水下分支器选择电压等级作为控制命令，命令识别受海缆上寄生电阻的分压作用影响，随着海缆长度增长，水下分支器处的输入电压与岸基站的供电电压差异变大，为了准确识别，水下分支器的电压窗口随之增大。如果选择电流等级作为控制命令，则不受影响；数字电量型水下分支器，不论选择电压等级还是电流等级作为控制命令，命令识别都受海缆上寄生电感和寄生电容的阻碍作用。

7.3.2 模拟电量型水下分支器

模拟电量型水下分支器利用离散的电量等级来表示不同的控制命令，每个电量等级控制水下分支器中继电器的闭合或者断开，见表 7-2。为了与海底观测网水下节点的工作状态分开，采用的电量极性与水下节点正常工作的电量极性相反，即正向的电量供给。当岸基站电源为海底观测网供给一个正向的电量控制命令时，所有水下分支器的开关电路将同时启动，然而只有相应的水下分支器才会响应控制命令并动作。

表 7-2　模拟电量型水下分支器控制命令

电量	节点		
	节点 1	…	节点+N
E_{C1}	闭合	…	—
E_{O1}	断开	…	—
⋮	⋮	⋮	⋮
E_{Cn}	—	…	闭合
E_{On}	—	…	断开

在实际应用中，实际电量在传输过程中可能存在一些噪声，该噪声一方面来自岸基站电源的电量输出纹波，另一方面来自海洋潮汐、地磁等自然环境的影响，水下分支器检测到的电量等级相对岸基站提供的电量等级存在一定误差。为了保证水下分支器可以准确识别控制命令，水下分支器的电量响应区间是以电量等级为中心的一个电量范围。

如图 7-8 所示为离散的电量控制命令，$E_{\min}$ 是水下分支器能够正常工作的最小电量等级，$E_{\max}$ 则是该海底观测网所能承受的最大电量等级，$E_{\max}$ 一般由网络中的海缆以及主要元器件的最大耐压值或最大耐流值决定。在最小电量等级 $E_{\min}$ 和最大电量等级 $E_{\max}$ 之间有一系列的电量区间，每个电量区间代表一个控制命令。

以第 i 个水下分支器的继电器断开控制命令为例。E_{C_i} 为该控制命令的电量等级大小，$E_{C_{i-\max}}$ 和 $E_{C_{i-\min}}$ 为该控制命令电量区间的最大值和最小值，只有当岸基站电源供给的电量在该电量区间范围内时，该水下分支器才会响应控制命令。定义 E_{win} 为电量窗口，表示控制命令电量区间的大小，所有电量区间的电量窗口大小相等。

$$E_{\text{win}} = E_{C_{i-\max}} - E_{C_{i-\min}} \tag{7-1}$$

为了实现控制命令的精确识别，所有控制命令的电量区间不能发生重叠。因

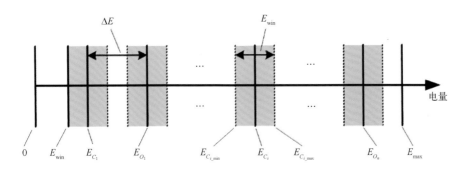

图 7-8 模拟电量型水下分支器的离散控制命令

此，这里引入变量离散电量值 ΔE，表示两个相邻的控制命令的电量等级之差的绝对值，即

$$\Delta E = |\ E_{O_i} - E_{C_i}\ | \tag{7-2}$$

为了保证相邻的两个控制命令的电量区间不会发生重叠，

$$\Delta E > E_{\text{win}} \tag{7-3}$$

当一个海底观测网的拓扑结构已经确定时，该网络的最大电量等级 E_{max} 和最小电量等级 E_{min} 是确定的。根据水下分支器的设计需求，一个水下分支器一般包括两个继电器，一个继电器控制主缆的通断，另一个继电器控制支缆的通断。继电器选择自锁式的高压真空开关，包括两个控制线圈，一个控制线圈控制继电器闭合，另外一个控制线圈控制继电器断开。因此一个水下分支器需要四个电量控制命令。这里，用 S_i 表示第 i 个水下分支器的继电器状态，E_i 表示相应的电量控制命令，因此

$$S_i = \begin{cases} S_{\text{BB},i} = \begin{Bmatrix} 1 \\ 0 \end{Bmatrix} & \leftrightarrow \\ & \leftrightarrow \\ S_{\text{spur},i} = \begin{Bmatrix} 1 \\ 0 \end{Bmatrix} & \leftrightarrow \\ & \leftrightarrow \end{cases} \begin{Bmatrix} \begin{Bmatrix} E_{\text{BB}-C,i} \\ E_{\text{BB}-O,i} \end{Bmatrix} = E_{\text{BB},i} \\ \begin{Bmatrix} E_{\text{spur}-C,i} \\ E_{\text{spur}-O,i} \end{Bmatrix} = E_{\text{spur},i} \end{Bmatrix} = E_i \tag{7-4}$$

$S_{\text{BB},i}$ 和 $S_{\text{spur},i}$ 是水下分支器的两个继电器的状态，其中"1"表示继电器闭合，"0"表示继电器断开。$E_{\text{BB}-C,i}$，$E_{\text{BB}-O,i}$，$E_{\text{spur}-C,i}$ 和 $E_{\text{spur}-O,i}$ 是与水下分支器继电器状态相对应的电量等级。因此，每个水下分支器的控制命令 E_i 包含四个电量等级。假设这四个值是离散且连续的，因此，

$$E_i = [E_{\text{BB},i} \quad E_{\text{spur},i}] = E_{\text{min}} \times [1 \quad 1] + \Delta E \times [4i-a-S_{\text{BB},i} \quad 4i-b-S_{\text{spur},i}] \tag{7-5}$$

其中，$a \in [2, 3]$，$b \in [0, 1]$，这两个值用于调整 E_i 相对于 E_{min} 的离散分布。为了保证水下分支器的控制命令成等比例分布，必须满足 $a-b=2$。

如果海底观测网中有 m 个水下分支器，那么所有水下分支器的继电器状态矩阵 S 为

$$S = \begin{bmatrix} S_{\mathrm{BB},1} & S_{\mathrm{spur},1} \\ S_{\mathrm{BB},2} & S_{\mathrm{spur},2} \\ \vdots & \vdots \\ S_{\mathrm{BB},m} & S_{\mathrm{spur},m} \end{bmatrix} \tag{7-6}$$

其中，每一行代表每个水下分支器的两个继电器的状态。继电器电量控制命令矩阵 E 包括所有控制命令的电量等级。

$$E = \begin{bmatrix} E_{\mathrm{BB},1} & E_{\mathrm{spur},1} \\ E_{\mathrm{BB},2} & E_{\mathrm{spur},2} \\ \vdots & \vdots \\ E_{\mathrm{BB},m} & E_{\mathrm{spur},m} \end{bmatrix} \tag{7-7}$$

其中，每一行代表每个水下分支器的两个继电器的控制命令电量等级。矩阵 E 和矩阵 S 的关系为

$$E = \begin{bmatrix} E_{\mathrm{BB},1} & E_{\mathrm{spur},1} \\ E_{\mathrm{BB},2} & E_{\mathrm{spur},2} \\ \vdots & \vdots \\ E_{\mathrm{BB},m} & E_{\mathrm{spur},m} \end{bmatrix}$$

$$= E_{\min} \times \begin{bmatrix} 1 & 1 \\ 1 & 1 \\ \vdots & \vdots \\ 1 & 1 \end{bmatrix} + \Delta E \times \left(\begin{bmatrix} 4-a & 4-b \\ 8-a & 8-b \\ \vdots & \vdots \\ 4m-a & 4m-b \end{bmatrix} - S \right) \tag{7-8}$$

同时，最大的控制命令电量等级必须小于海底观测网所允许的最大电量等级 $E_{\max}$，因此

$$\Delta E \leqslant (E_{\max} - E_{\min})/4m \tag{7-9}$$

也就是说，海底观测网中水下分支器的最大数量 $m_{\max}$ 的值为

$$m_{\max} = (E_{\max} - E_{\min})/4\Delta E \tag{7-10}$$

7.3.3　数字电量型水下分支器

数字电量型水下分支器主要包括两个电量等级，电量可以是电压或者电流。其中较高的电量等级表示数字信号中的高电平"1"，较低的电量等级表示数字信号中的低电平"0"。一系列不同序列的高低电平组成不同的控制命令。不论电量等级高或低，水下分支器都可以从该电量等级中获取足够的电能来维持自身的正常工作(图7-9)。

实际操作时，岸基站上的可编程电源由计算机控制，根据预定的通信协议控制海缆上的电量供给，发送一系列不同序列的高、低电量作为控制命令。水下分支器一方面从海缆上获得稳定的电能供给来支持自身的工作，另一方面对海缆上的电量信息进

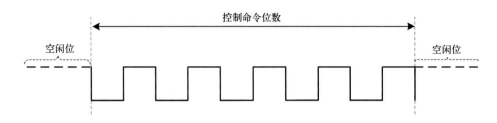

图 7-9　数字电量型水下分支器的控制原理

行采样。采集到的电量信息经比较器比较后，输出标准的数字信号。微处理器负责对采集到的数字信号进行识别和信息提取，并最终发出驱动命令给驱动电路，驱动继电器闭合或者断开(图 7-10)。

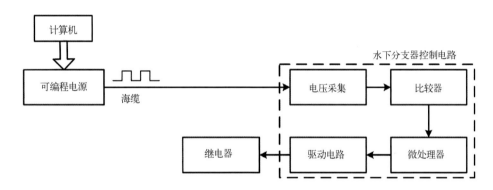

图 7-10　数字电量型水下分支器的控制逻辑

　　对于数字电量型水下分支器而言，如何对海缆上的电量信息进行准确采样、减少误码率是个难点。一方面，控制命令信号本身可能受到干扰，由于海底观测网的海缆通常数百千米甚至上千千米，电量信号在传输过程中受到干扰是不可避免的，一些自然环境如太阳风暴、地磁等，甚至包括岸基站电源的供电不稳都有可能影响海缆上的电量信息传递，产生一个错误的电量变化或者脉冲；另一方面，由于海缆寄生参数(寄生阻抗、寄生感抗和寄生容抗)的存在，海缆上的电量信息的变化过程受到阻碍，会存在一个时间延迟，该延迟可能导致错误的采样结果。

　　选择合适的采样方法和数据位频率，可以有效减少采样误码，保证控制命令的准确识别。通过对比几种成熟的串行异步通信方法，选择 16 倍频采样方法。图 7-11 所示为 16 倍频采样方法的采样原理，采样频率为控制命令数据位频率的 16 倍。假设控制命令的起始位为低电平，当控制器检测到下降沿时，控制器连续采样 8 次，如果得到 8 个连续的低电平信号，可确定该低电平为真正的起始位，从而防止干扰信号产生的假起始位的现象。此后，控制器每隔 16 个采样时钟采样一次，并把采集到的数据，以移位的方式存入到控制器的接收移位寄存器。起始位检测 8 个连续脉冲的另一个重要原因是，采用 16 倍频采样的时钟，第 8 个采样脉冲所对应的数据波形正好是该位数据位波形的正中点，在该处读写数据应该是最安全的，图 7-12 所示为控制命令通信协议。

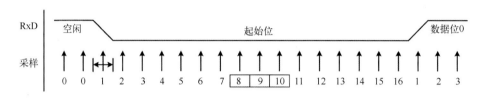

图 7-11　16 倍频采样原理

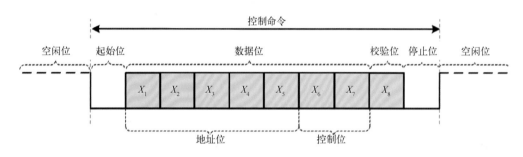

图 7-12　控制命令通信协议

定义水下分支器的数据位周期为 T_C，其对应的数据位频率为 $f_C = 1/T_C$。根据 16 倍频采样法，采样频率是数据位频率的 16 倍，因此

$$f_S = 16 f_C$$

$$T_C = 16 T_S$$

定义 T_{delay} 为海缆寄生参数造成的信号变化延迟时间，为了保证采样的精确性，采样周期 T_S 必须大于 T_{delay}，T_{delay} 的值可以通过建立海缆模型仿真计算得到。

水下分支器的控制分为空闲状态、命令识别状态和命令响应状态。为了减少整个网络的能量损耗，水下分支器中的控制器大部分情况下处于空闲状态，只有当检测到控制命令时，控制器才被激活，进入命令识别状态和命令响应状态。

（1）空闲状态。空闲状态为水下分支器主动控制的起始阶段，此时岸基电源网路供正电，电压等级为高电平，并且水下分支器的控制器处于睡眠模式，不对主干缆上的电压等级进行采样。

(2)命令识别状态。当需要对水下分支器进行组态时，岸基电源根据通信协议，以一个特定的频率连续输出不同等级的电压，每个周期输出的电压等级代表一个数据位。水下分支器对海缆上的电压等级进行采样，并根据预定的通信协议识别命令中所包含的控制信息。不论海底网络系统主干缆上电压等级的高低，水下分支器都能从主干网获取稳定的电能供给，保证自身的正常运行。

水下分支器的控制命令由多个部分组成，包括起始位、地址位、控制位、校验位和停止位。起始位标志着控制命令的开始，电压等级为低等级，与空闲状态下的电压等级相反，实际表现为一个下降沿；地址位由多个数据位组成，地址位中数据位的数量，可通过需要控制的水下分支器的数量确定，例如，当需要控制的水下分支器的数量为 N，地址位的数量为 m，需满足 $2^m-2 \geq N$（数据位全为"0"或者全为"1"的情况作为地址时易出错，需排除）；控制位中数据位的数量由每个水下分支器中控制电路中需要控制的继电器的数量确定，通常每个水下分支器包含两个控制电路和四个继电器，其中每个控制电路控制两个继电器，因此控制位由两个数据位组成，每个数据位对应一个继电器，高电平"1"代表闭合继电器，低电平"0"代表断开继电器；校验位用于验证控制命令是否准确接收，可采取奇偶校验中的奇校验或者偶校验，本方案设计中采取奇校验，只需要一个数据位即可满足；停止位用于表示控制命令信息结束，在该通信协议中，为了与空闲状态区别，停止位选择低电平。

当水下分支器监测到控制命令的起始位时，实际操作中表现为捕捉到一个下降沿，水下分支器中控制器开始以特定的频率对主干网上的电量等级进行采样并存储，当检测到控制命令的终止位，控制命令采集完毕。

(3)命令响应状态。控制命令采集结束后，水下分支器对校验位之前的所有数据位进行奇校验计算，计算得到的校验位与采集到的控制命令中的校验位进行对比，如果对比结果相同，则控制命令的接收完全正确。否则，水下分支器返回初始化状态。

每个水下分支器都有独一无二的地址，完成校验位的比对后，水下分支器对控制命令中的地址进行比对，只有与控制命令中的地址相一致的水下分支器，才响应控制命令中的命令信息，对两个继电器的状态进行重新组态，其余的水下分支器不进行任何动作，返回初始化状态。完成命令响应的水下分支器随后返回初始化状态，等待下一个控制命令。

图 7-13 所示为数字型水下分支器的工作流程，校验位计算、地址位的匹配等判定过程均为了确保水下分支器可以准确识别控制命令。任何判定结果不正确，水下分支器都将返回睡眠模式。

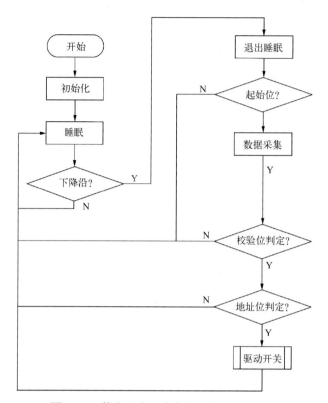

图 7-13　数字型水下分支器的控制工作流程

参考文献

陈燕虎, 2012. 基于树型拓扑的缆系海底观测网供电接驳关键技术研究[D]. 杭州：浙江大学.

姚家杰, 2019. 基于电流数字化控制的海底观测网故障诊断与隔离技术研究[D]. 杭州：浙江大学.

张志峰, 2017. 海底观测网故障诊断与可靠性研究[D]. 杭州：浙江大学.

CAI K, 1996. System failure engineering and fuzzy methodology an introductoryoverview[J]. Fuzzy Sets and Systems, 83 (2): 113-133.

CARO E, Conejo A J, 2012. State estimation via mathematical programming: a comparison of different estima-tion algorithms[J]. IET generation, transmission & distribution, 6(6): 545-553.

CHAN T, 2007. Analytical methods for power monitoring and control in an underwaterobservatory[D]. Wash-ington: Washington University.

CHAN T, LIU C C, HOWE B M, et al., 2007. Fault location for the NEPTUNE power system[J]. IEEE Transactions on Power Systems, 22(2): 522-531.

CHEN Y, HOWE B M, YANG C J, 2015. Actively controllable switching for tree topology seafloor observation networks[J]. IEEE Journal of Oceanic Engineering: A Journal Devoted to the Application of

Electrical and Electronics Engineering to the Oceanic Environment, 40(4): 993-1002.

El-SHARKAWI M, UPADHYE A, LU S, et al., 2005. North East Pacific time - integrated undersea networked experiments (NEPTUNE): cable switching and protection[J]. IEEE Journal of Oceanic Engngineering, 30(1): 232-240.

GUNDERSON D R, LECROART A, TATEKURA K, 1996. The asia pacific cable network[J]. IEEE Communications Magazine: Articles, News, and Events of Interest to Communications Engineers, 34(2): 42-48.

LU S, 2006. INFRASTRUCTURE, operations, and circuits design of an undersea power system[D]. Washington: Washington University.

MELONI, LANZEROTTI L J, GREGORI G P, 1983. Induction of currents in long submarine cables by natural phenomena[J]. Reviews of Geophysics, 21(4): 795-803.

MONTICELLI A, 1999. State estimation in electric power systems: a generalized approach[M]. New York: Springer Science & Business Media.

THOMAS R, AKHTAR A, BAKHSHI B, et al., 2013. Data transmission and electrical powering flexibility for cabled ocean observatories[C]//IEEE. 2013 OCEANS, September 23-27 . San Diego: IEEE: 1-7.

TURNER W, 1966. An approximation of the impulse response of a transmission line[J]. IEEE Transactions on Communication Technology, 14(6): 866-868.

YONG L, 1960. Unit real functions in transmission line circuit theory[J]. IRE Transactions on Circuit Theory, 7(3): 247-250.

ZHANG Z F, CHEN Y, LI D J, et al., 2018. Use of a coded voltage signal for cable switching and fault isolation in cabled seafloor observatories[J]. Frontiers of Information Technology and Electronic Engineering, 19 (11): 1328-1339.

8 终端传感与监测

为了获取海量原位原始数据，大型的海底观测网可支撑成百上千的传感器接驳，可提供多种可选的电气接口，能适应各种通信协议。适用于海底观测网接驳的传感器种类繁多，绝大部分现有的海上传感器均可直接或经过一定的改进后应用于海底观测网。本章主要介绍常用的可用于海底观测网上的主要传感器或设备。

8.1 海洋物理观测

8.1.1 温盐深剖面仪

温盐深剖面仪是测量海水电导率、温度和深度的高精度系统。图 8-1 和表 8-1 是 RBR 公司的 XR-420 温盐深剖面仪的示意图和主要技术指标。

图 8-1　XR-420 温盐深剖面仪示意图

表 8-1　XR-420 温盐深剖面仪主要技术指标

项目参数	性能指标	项目参数	性能指标
深度	740 m(塑料)；6 600 m(钛合金)	温度测量范围	−5~35℃
质量(塑料)	1 259 g(空中)；389 g(水中)	温度测量精度	±0.002℃

续表

项目参数	性能指标	项目参数	性能指标
电源	3V CR123A 锂电池	温度测量分辨率	小于 0.000 05℃
存储器	4 MB 固态存储器	温度测量 控制时间常数	小于 3 s；小于 95 ms(另选)
通信	RS232	漂移	小于 0.002℃/a
下载速度	19.2~57.6 kBd	探头尺寸	400 mm(长)×64 mm(直径)
时钟精度	±30 s/a	深度测量范围	10 m, 25 m, 60 m, 150 m, 250 m, 740 m, 1 000 m, 2 000 m, 3 000 m, 4 000 m, 6 600 m (dBar)
电导率测量范围	0~70 mS/cm	深度测量精度	满量程的 0.05%
电导率测量精度	±0.003 mS/cm	深度测量分辨率	满量程的 0.001%
电导率测量分辨率	小于 0.000 1 mS/cm	深度测量 控制时间常数	小于 10 ms

8.1.2 测流仪器

声学多普勒流速剖面仪是根据声学多普勒原理，用矢量合成法，遥测海流的垂直剖面分布。声学多普勒流速仪由计算机、发射机、接收机、频率合成器和水声换能器等组成，图 8-2 和表 8-2 是 AANSDERAA 公司的 RCM9 海流计产品图示以及技术指标。

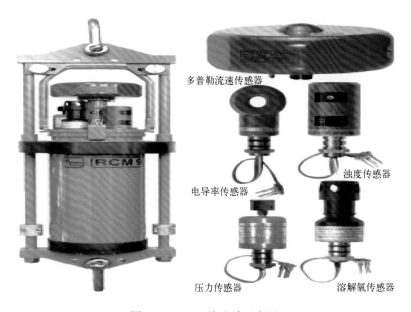

图 8-2　RCM9 海流计示意图

表 8-2　RCM9 海流计主要技术指标

项目参数		性能指标
流速与流量	测量范围	0~300 cm/s
	分辨率	0.3 cm/s
	绝对精度	±0.15 cm/s
	精确度	±5%
温度	测量范围	可选
	分辨率	0.1%
电导率	测量范围	可选
	分辨率	0.1%
	绝对精度	±0.2%
压力	测量范围	可选
	分辨率	0.1%
	精确度	±0.2%
浊度	测量范围	可选
	分辨率	0.1%
	精确度	2%
溶解氧	测量范围	可选
	分辨率	0.025 mg/L
	精确度	±0.8 mg/L
电池		9 V, 15 Ah
工作深度		2 000 m
质量		空气中: 17 kg; 水中: 12 kg

8.1.3　温度传感器

图 8-3 和表 8-3 是 RBR 公司的 TR-1050 水温仪的图示和主要技术指标。

图 8-3　TR-1050 水温仪

表 8-3 TR-1050 水温仪主要技术指标

探头参数	性能指标	温度参数	性能指标
尺寸	230 mm(长)×40 mm(直径)	测量范围	-5~35℃(可提供更大测量范围)
耐压深度	740 m(塑料);10 000 m(钛合金)	精度	±0.002℃
质量	空气中:310 g(塑料),500 g(钛合金); 水中30 g(塑料),200 g(钛合金)	分辨率	小于 0.000 05℃(40℃ 范围)
		漂移	小于 0.002℃/a
电源	3V CR123A 锂电池	时间常数	<3 s, <15 s, <95 ms(可选)
存储器	4 MB 固态存储器(1 200 000 组数)	校准	常数存在仪器内,NIST* 标准
通信	RS232	软件	Windows 95/98/NT/2000/XP
下载速度	19.2~57.6 kBd	工作时间	3 a
时钟精度	±30 s/a	存储温度	-20~80℃
采样率	1 s 至 1 d 可调		

* NIST 为美国国家标准与技术研究院(National Institute of Standards and Technology)的简称。

8.1.4 深度传感器

图 8-4 和表 8-4 是 RBR 公司的 DR-1050 水深仪的图示和技术指标。

图 8-4 DR-1050 水深仪

表 8-4 RDR-1050 水深仪主要技术指标

探头参数	性能指标	深度参数	性能指标
尺寸	230 mm(长)×40 mm(直径)	测量范围	10 m, 25 m, 60 m, 100 m, 250 m, 740 m, 1 000 m, 2 000 m, 4 000 m
深度	740 m(塑料);4 000 m(钛合金)	测量精度	满量程的 0.05%
质量	空气中:310 g(塑料),500 g(钛合金); 水中:30 g(塑料),200 g(钛合金)	测量分辨率	满量程的 0.001%
		时间常数	小于 10 ms
电源	3 V CR123A 锂电池	工作温度	-20~35℃

探头参数	性能指标	深度参数	性能指标
存储器	8 MB 固态存储器(2 400 000 组数)	校准	常数存在仪器内，符合 NIST 标准
通信	RS232	软件	Windows 95/98/NT/2000/XP
下载速度	19.2 kBd	下载时间	约 38 000 组/s
时钟精度	±30 s/a	存储温度	−20~80℃
工作周期	3 a		

8.1.5 压力传感器

压力传感器用来测量海底不同深度的压力，图 8-5 和表 8-5 是美国 SBE 公司的 SBE 50 型数字海洋压力传感器的图示和技术指标。

图 8-5 SBE 50 型数字海洋压力传感器

表 8-5 SBE 50 型数字海洋压力传感器的主要技术指标

测量范围	精确度	稳定性	动力要求	材料	深度等级	质量
0~20 m, 100 m, 350 m, 1 000 m, 2 000 m, 3 500 m, 7 000 m	总刻度的 0.1%	总刻度的 0.004%	8~30 V (DC)	3AL/2.5V (钛合金)	7 000 m (22 900 ft)	空气中: 0.7 kg (1.5 lb); 水中: 0.4 kg (0.9 lb)

8.1.6 电导率传感器

感应式电导率传感器在海水中部分区域形成封闭回路，产生一个感应电流，通过测量电流的大小得到海水的电导率。图 8-6 和表 8-6 是 SBE 4 型电导率传感器的图示和技术指标。

图 8-6　SBE 4 型电导率传感器

表 8-6　SBE 4 型电导率传感器的主要技术指标

测量范围	精确度	稳定性	时间响应	沉淀时间	供应电压	供应电流	信号输出
0.0~7.0 s/m	0.000 3 s/m	每月 0.000 3 s/m	0.060 s（pumped）	0.000 1 S/m 内 0.7 s	6~24 V（DC）	18 mA, 6V；12 mA, 10~24 V	1 V 电容连接方波

8.1.7　浊度传感器

图 8-7 和表 8-7 是 XR-420 TDTu 潮位浊度剖面仪的图示及其技术指标。

图 8-7　XR-420 TDTu 潮位浊度剖面仪

表 8-7　XR-420 TDTu 潮位浊度剖面仪的主要技术指标

主机参数	性能指标	浊度传感器参数	性能指标
尺寸	200 mm（长）×64 mm（直径）	电源	7~20 V（DC），3.5 mA（平均），6 mA（峰值）

续表

主机参数	性能指标		浊度传感器参数	性能指标
深度	740 m(塑料)		输出	0~5 V(DC)
电源	4 节 3V CR123A 锂电池		RMS 噪声	小于 1 mV
存储器	4 MB 固态存储器(1 200 000 组数)		启动时间	小于 1 s
通信	RS232		光源波长	880 nm
下载速度	19.2~57.6 kBd		散射角度	15°~150°
其他参数	温度、电导、深度、pH/ORP、叶绿素等(用户定制)		线性偏离	小于 2%(0~750 * FTU 范围)
			工作温度	0~65℃
测量范围	精度	分辨率	测量点	光学窗口前 5 cm
0~25 FTU	2%	0.005 FTU	最大深度	6 000 m
0~125 FTU	2%	0.025 FTU	长度	7.4 cm
0~500 FTU	2%	0.1 FTU	直径	2.5 cm

* 当浊度值大于 750 FTU 时，直线对应关系失效，需要建立多项式方程确立曲线对应关系；当浊度大于 4 000 FTU 时，仪器不可用。

8.1.8 深海照相设备

海底照相机是海底观测网的重要观测装置，也是许多深拖等系统的主要光学装备。图 8-8 是 AGFA 海底照相机的图示。

图 8-8　AGFA 海底照相机

图 8-9 和表 8-8 是 MSC 2002 型水下摄像头的图示及技术指标。

图 8-9　MSC 2002 型水下摄像头

表 8-8 MSC 2002 型水下摄像头的主要技术指标

结构	
材料	钛 6AL-4V
视窗材料	蓝宝石
外径	3.15 cm(1.24 in)
长度	20.95 cm(8.25 in)
质量	空气中：308 g(10.87 oz) 水中：266 g(9.39 oz)
视频	
图像传感器	1/2 tpye IT CCD 带光纤
垂直分辨率	470 TVL
有效图片元素	768 mm(H)×494 mm(V)
同步系统	网络自动切换
外面同步信号	HD/VD(2~4 Vp-p)，75 Ω/VS(1 Vp-p)，75 Ω/C Sync(2~4 Vp-p)，75 Ω
透镜	F3.5 固定聚集
同步系统频率	VD/59.94 ±0.009 Hz
S/N 分配	48 dB(AGC OFF)
快门速度	1/1000 s
环境	
深度	6 000 m
电力	
电压	12~40 V(DC)
功率	3.6 W

8.1.9 浪潮记录仪

图 8-10 和表 8-9 是 SBE 26plus 型浪潮记录仪的图示和技术指标。

图 8-10 SBE 26plus 型浪潮记录仪

表 8-9　SBE 26plus 型浪潮记录仪的主要技术指标

参数	温度/℃	传导(S/m) 可选	石英压力	拉紧压力
范围	-5~35	0~7	13 档，从 0 ~ 0.2 m（15 psia）到 0 ~ 6 800 m（10 000 psia）	8 档，f 从 0 ~20 m（45 psia）到 0 ~ 7 000 m（10 200 psia）
精确度	0.01	0.001	全量程的 0.01%（3 mm 对于 45 psia 范围）	全量程的 0.1%（30 mm 对于 45 psia 范围）
辨析率	0.001	0.000 02	潮：0.2 mm（0.008 in）1 min 综合测量时；0.01 mm（0.000 4 in）15 min 综合测量时 浪：0.4 mm（0.016 in）0.25 s 综合测量时；0.1 mm（0.004 in）1 s 综合测量时	潮：0.2 mm（0.008 in）1 min 综合测量时；0.01 mm（0.000 4 in）15 min 综合测量时 浪：0.4 mm（0.016 in）0.25 s 综合测量时；0.1 mm（0.004 in）1 s 综合测量时
标度	1~ 32	2.6~6 加上 0 传导率(空气)	0 绝对压力至全压力范围	0 绝对压力至全压力范围
可重复性			全范围的 0.005%（1.5 mm 对于 45 psia 范围）	全范围的 0.03%（9 mm 对于 45 psia 范围）
滞后作用			全范围的 0.005%（1.5 mm 对于 45 psia 范围）	全范围的 0.03%（9 mm 对于 45 psia 范围）

8.2　海洋化学观测

8.2.1　溶解氧传感器

图 8-11 和表 8-10 是 RBR 公司的 XR-420 CT+DO 温盐溶解氧仪的图示和技术指标。

图 8-11　XR-420 CT+DO 温盐溶解氧仪

表 8-10　XR-420 CT+DO 温盐溶解氧仪主要技术指标

参数	性能指标	参数	性能指标
探头尺寸	400 mm(长)×64 mm(直径)	温度测量范围	−5~35℃
深度	740 m(塑料);6 600 m(钛合金)	温度测量精度	±0.002℃
质量(塑料)	1 259 g(空气中);389 g(水中)	温度测量分辨率	小于 0.000 05℃
电源	3V CR123A 锂电池	时间常数	小于 3 s,小于 95 ms(另选)
存储器	4 MB 固态存储器	漂移	小于 0.002℃/a
通信	RS232	测量范围	0 ~150%
下载速度	19.2 ~57.6 kBd	测量精度	±1%
时钟精度	±30 s/a	深度	100 m 或 2 000 m
溶解氧测量范围	0 ~70 mS/cm	压力补偿	自动补偿
溶解氧测量精度	±0.003 mS/cm	温度补偿	内置温度传感器,自动补偿
溶解氧测量分辨率	小于 0.000 1 mS/cm		

8.2.2　pH 值传感器

图 8-12 和表 8-11 是 SBE 18 型 pH 值传感器的图示和技术指标。

图 8-12　SBE 18 型 pH 值传感器

表 8-11　SBE 18 型 pH 值传感器的主要技术指标

测量范围	能量供应	精确度	信号输出	时间响应	材料	工作深度	质量
0~14 pH	6~24 V(DC), 7 mA	0.1 pH	0~5 V	21 s	阳极氧化铝 (6061-T6)不锈钢	1 200 m (3 900 ft)	空气中:0.7 kg (1.5 lb)

8.2.3 硫化氢传感器

图 8-13 和表 8-12 是 H_2S/C-200 硫化氢传感器的图示和技术指标。

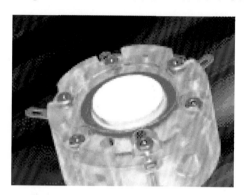

图 8-13 H_2S/C-200 硫化氢传感器

表 8-12 H_2S/C-200 硫化氢传感器的主要技术指标

参数	性能指标
测量范围	0~200 mg/L（可选 50 mg/L；100 mg/L；1 000 mg/L；10 000 mg/L）
最大负荷	500 mg/L
工作寿命	空气中 2 年
输出	370±80 nA/（mg/L）
分辨率	0.25×10^{-6}（可选 0.05×10^{-6}；0.1×10^{-6}；2×10^{-6}）
温度范围	−20~45℃
压力范围	大气压
响应时间	T90：小于 60 s（45 s 可选）
湿度范围	15%~90% RH（非凝结）
零点输出（纯净空气，20℃）	小于 2×10^{-6}
最大零点漂移	（20~40℃）：2×10^{-6}
长期漂移	小于 2%／月
推荐负载值	10 Ω
偏置电压	无需
线性度输出	线性
重复性	小于 2%
存储温度	5~20℃
存储寿命	6 个月（容器内）
质 量	约 13 g

8.2.4　氨传感器

图 8-14 和表 8-13 是 YSI 公司的 IQ SensorNet AmmoLyt © Plus 氨传感器的图示和技术指标。

图 8-14　IQ SensorNet AmmoLyt © Plus 氨传感器

表 8-13　IQ SensorNet AmmoLyt © Plus 氨传感器的主要技术指标

最大深度	测量范围	操作 pH 范围	操作温度	精确度
安装电极， 最大 2 m	NH_4-N：$1 \sim 1\,000$ mg/L，1 mg/L； $0.1 \sim 100$ mg/L，0.1 mg/L； NH_4^+：$1 \sim 1\,290$ mg/L，1 mg/L； $0.1 \sim 129$ mg/L，0.1 mg/L	$4 \sim 8.5$	$32 \sim 104$ °F（$0 \sim 40$ ℃）	测量值±5% 标准溶液中±0.2 mg/L

响应时间	存储温度	单位	质量保证	防水性
T95：<20 s	$32 \sim 104$ °F（$0 \sim 40$ ℃）	mg/L	2 年/ 电极：1 年	IP68，0.2 bar（0.2×10^5 Pa）

8.2.5　氯化物传感器

图 8-15 和表 8-14 是 YSI 公司的 EXO Chloride Smart 氯化物传感器的图示和技术指标。

图 8-15　EXO Chloride Smart 氯化物传感器

表 8-14　EXO Chloride Smart 氯化物传感器的主要技术指标

最大深度	操作温度	精确度	响应时间	存储温度	单位	防水性
55 ft （约：16.76 m）	0~30 ℃	测量值±15% 标准溶液中±5 mg/L	T63 < 30 s	0~30 ℃	mg/L-N, mV	防水

8.2.6　油检测传感器

图 8-16 和表 8-15 是 Sea-Bird 公司的油检测传感器的图示和技术指标。

图 8-16　Sea-Bird 公司的油检测传感器

表 8-15　Sea-Bird 公司的油检测传感器的主要技术指标

散射范围	散射灵敏度	散射波长	电流	输入电压	尺寸	最大深度	油检测范围	油检测灵敏度	输出
0~0.04 (m·sr)$^{-1}$	1×10^{-6} (m·sr)$^{-1}$	700 nm	7 V 时， 81 mA	7~15 V （DC）	5.46 cm	2 000 m	< 80 μg/L 矿物油	3 μg/L 矿物油	14 位 分辨率

8.3　海洋生物观测

　　海洋浮游生物是海洋生态系统中的基础组成部分，在整个食物链物质循环和能量流动中具有重要的作用。浮游生物的生理、生态、多样性和过程研究是理解海洋资源、地球生物多样性水平、气候变化对生态系统影响不可缺少的一环。

　　海洋生物传感器是由识别元件（感受器）和与之结合的信号转换器（换能器）两部分组成的分析工具或系统，可以识别生物活性物质（分子），将海洋生物检测量转换成可用的输出信号。生物传感器的感受器敏感物质可以是生物体成分(酶、抗原、抗体、激素、DNA)或生物体本身(细胞、细胞器、组织),感受器能特异地识别这些被测物质或与之反应;换能器主要有电化学电极、离子敏感场效应晶体管、热敏电阻器、光电管、光纤、压电晶体等,其功能是将敏感元件感知的生物化学信号转变为可测量的电信号。这些生物传感器按照其感受器敏感物质,可分为酶传感器、微生物传感器、细胞传感器、组织传感器和免疫传感器;按照其信号转换器可分为生物电极传感器、半导体生物传感器、光生物传感器、热生物传感器、压电晶体生物传感器等。

目前已经得到一定程度应用的海洋浮游生物观测技术类型见表8-16。

表8-16　海洋浮游生物观测技术类型及比较

技术类型	浮游生物类型和粒级	类群组成	生态功能和动力学	采样频率级别	空间尺度
声学	中型及以上浮游生物	粒级和优势种	无	秒	较大空间尺度、海水剖面
水下摄像/显微摄像	中型及以上浮游生物	种类	无	秒	较大空间尺度或定点
叶绿素荧光	全粒级浮游植物	色素特征类群	初级生产力	秒	海水剖面或定点
生物光学	浮游生物	粒级	无	秒	海水剖面
流式细胞技术	小型及以下浮游生物	种类	无	分钟	定点
分子生物传感器	小型及以下浮游生物	种类	生态功能活性	小时	定点

8.3.1　基于声学的观测传感器

声学技术在海洋生物观测中主要应用于鱼类和哺乳动物的观测。通过水听器对海洋生物声波的监听与记录,可以观测到鱼类和哺乳动物的分布、迁徙和种群动态等。由于浮游生物与海水密度差异导致声波传递速率不同,利用高频声波水声探测系统(如声学多普勒流速剖面仪、多频率水声剖面系统、宽波段声呐等)可以对不同类群的浮游生物分布进行定量观测。声学方法的最大优势在于,能够在比较大的空间尺度上及三维空间高频率展示浮游生物的分布。相对来说,应用于浮游生物的商业化声学仪器较少,主要由各实验室开发并初步应用,目前已经成功地应用于研究与物理海洋环境有关的浮游动物分布特征,如大西洋湾流、冷暖涡、锋面、北太平洋中层水等物理海洋环境对生物分布的影响。声学设备在长时间观测上也得到应用,研究了浮游动物昼夜垂直迁移的季节性变化。基于声学的观测方法虽然在观测频率、空间范围与长时间观测上具有突出的优势，但是其对浮游动物种类组分的分辨能力差、定量不准确，通常需要与光学成像分析方法或其他传统海洋生物观测方法结合使用。图8-17是矢量水听器的图示。

图 8-17　矢量水听器

8.3.2　基于光学的观测传感器

生物光学传感器具备低能耗、高频率与应用空间范围大的特点，是经常应用于海洋生物观测平台的传感器。生物光学传感器按照其技术基础可分为以下两类。

8.3.2.1　基于浮游植物色素光学特征

浮游植物光学特征在群落水平或个体水平上得到深入的应用，其中浮游植物的叶绿素荧光仪是目前技术最成熟、种类最多、应用最广的海洋生物观测设备。自20世纪60年代开始，叶绿素 a 荧光被广泛用于评估浮游植物丰度(生物量)的变动。叶绿素 a 荧光测量是一种快速、灵敏、非破坏性、低能耗的测量方式，因此叶绿素 a 荧光探头成为走航观测、生态浮标、生态漂浮式浮标等自动观测平台的必备探头。

荧光技术与设备的发展路线主要分为两个方面：①利用不同类群浮游植物的色素组成不同，进而具备不同的吸收光谱特征，结合吸光光谱与叶绿素 a 荧光，可以对不同类群的浮游植物进行定量分析；②利用藻类荧光诱导理论，即浮游植物荧光发射的变动对应于激发能量的变动，基于光合系统 Ⅱ(PS Ⅱ)饱和动力学的可变荧光参数，可应用于计算浮游植物初级生产力的关键光合参数。目前可变荧光设备主要用于船载海水剖面测量或走航测量模式。

叶绿素 a 荧光传感器是测量周围海洋环境中叶绿素 a 含量占比的传感器，通过用探头探测叶绿素 a 荧光的光度来估计环境中叶绿素 a 的浓度。

图 8-18 和表 8-17 是 RBR 公司的 XR-420 TFl 叶绿素仪的外观图示和技术指标。

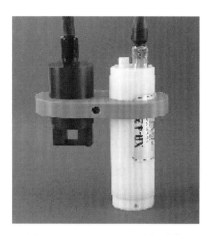

图 8-18　XR-420 TFl 叶绿素仪

表 8-17　XR-420 TFl 叶绿素仪的主要技术指标

主机尺寸	深度	电源	存储器	通信	下载速度
200 mm(长)× 64 mm(直径)	740 m(塑料)	4 节 3V CR123A 锂电池	8 MB 固态存储器 (1 200 000 组数)	RS232	19.2~57.6 kBd

8.3.2.2　基于水下摄像(包括显微摄像)技术的记录设备

利用水下成像系统对浮游生物进行直接的图像记录是进行海洋浮游生物观测最直观的方法,特别是对中型以上粒级的浮游动物,已经有多种成像系统成功地应用于大面调查或种类鉴定,如浮游生物录像记录仪、水下录像剖面仪和浮游动物可视与成像系统等。这些水下成像系统可以记录从 10 μm 到数厘米大小不等的浮游生物光学图像,并通过图像识别系统对浮游生物进行种类鉴定与定量研究。其中,浮游生物录像记录仪应用最广泛,其成功应用于美国全球海洋生态系统动力学科学计划的乔治浅滩项目(Georges Bank Regional Program)等多个海洋现场,连续多年观测不同种类中型浮游动物的时空分布。它也被应用于 BIOMAPPER Ⅱ 观测平台,与声学传感器结合实现对浮游动物更全面的观测。

相对于浮游动物,水下浮游植物成像系统要求具备更大倍率的显微镜头,由于在大倍率的显微镜头下对光、焦距都有较高的要求,直接在水体中对浮游植物进行成像较为困难,通过将流式细胞技术与显微摄像结合,是目前实现浮游植物显微成像的可行方式。

Bio-Argo 浮标是海洋生物光学在观测上一个较成功的应用,Bio-Argo 浮标是在用于物理海洋学观测的 Argo 剖面浮标基础上结合几种生物光学传感器形成的新的综合性海洋观测平台,是目前 ARGO 计划的一个主要发展方向。

8.3.3 基于流式细胞技术的观测传感器

严格来说，流式细胞技术也是一类基于生物光学的技术，但是不同于测量海水生物总体光学特征，流式细胞技术可以分析、计数单个颗粒物(生物)，海水中颗粒物在快速流动的液流中分散，然后通过一系列光学检测器获得单个颗粒物的光学信息。流式细胞技术最初应用于生物医学研究，之后成功应用于海洋微型生物的分析。由于设备的复杂性、耗能高、运行条件苛刻，流式细胞技术在海洋生物学中的应用主要局限于实验室，近年来研发了少量专门应用于现场的仪器，特别是结合了显微摄像技术，实现对浮游植物种类较为准确的鉴定与计数，如 Fluid Imaging Technologies 公司研发的 FlowCAM 系统[图 8-19(a)]，可以应用于走航系统或剖面分析平台；荷兰 Cyto-buoy 公司研发的 Cytobuoy 系列水下流式细胞仪[图 8-19(b)]，已经成功应用于浮标、Ferrybox 等观测平台；美国伍兹霍尔海洋研究所研发的自动流式细胞仪 FlowCy-tobot 已经在美国 LEO-15 海底观测网持续运行数月。

(a) FlowCAM系统   (b) Cytobuoy系列水下流式细胞仪

图 8-19　基于流式细胞技术的观测传感器

8.3.4 基于分子生物学的观测传感器

基于声学、光学基础的浮游生物原位观测技术在种类准确鉴定、生态功能分析与细胞动力学参数的测定等方面都具有较大的局限性，而分子生物学技术提供了分析生物遗传信息组成、mRNA 表达水平、蛋白表达水平等信息的方法，来实现对浮游生态系统组成与功能的精确分析。在环境科学中应用分子生物学技术通常要求现场采集样品、保存样品、送回实验室分析等，因此要获得浮游生物群落的组成或活性信息，需要较长的分析时间。在实验室，样品收集、提取、分析，每个步骤需要不同的仪器。基于分子生物学的生物观测传感器的基本原理是提供一套整合的系统来实现样品自动化收集、提取和分析。目前可以实现水下原位分子生物学分析的设备有限，如环境样品处理系统(ESP)和自动微生物基因传感器(AMG)。

环境样品处理系统是由美国蒙特雷湾海洋研究所研发的，如图 8-20 所示。环境样品处理系统采样、样品处理与分析模块，可以进行非连续采样、富集浮游生物、分子探针杂交、荧光检测等操作，结合特定的探针芯片，能够鉴定细菌、古菌、浮游植物、浮游动物等多个物种，也可以应用于赤潮藻生物毒素的 ELISA 检测。环境样品处理系统已经成功应用于蒙特雷湾、缅因湾等海域，可以在浅海中连续工作一个月，并可以在 4 000 m 水深工作数天。

图 8-20　环境样品处理系统(ESP)

8.4　海底物探观测

海底地球物理探测，简称"海底物探"，是通过地球物理探测方法研究海洋地质过程与资源特性的科学。海底物探主要用于海底科学研究和海底矿产勘探，研究对象包括海底重力、海底磁力、海底地震等。海底物探的工作原理和陆地物探方法原理相同，但因作业场地在海底，增加了海水这一介质，故对仪器装备和工作方法都有更严格的要求。

8.4.1　海底重力观测传感器

将重力仪密封沉放到海底，通过遥控、遥测装置进行重力测量的仪器，统称海底重力仪。海底重力仪的结构原理与陆地重力仪相同。海底重力仪用在海湾和浅海陆架地区，配合其他地球物理勘探方法进行以石油为主的矿产资源的普查勘探。这种仪器受风浪、船体震动的影响比较小，测量精度高于海洋重力仪。但水深太浅时，仪器的读数将受底流和微震影响，仪器工作不稳定。LCR 海底重力仪(H 型)如图 8-21 所示。

图 8-21　LCR 海底重力仪(H 型)

8.4.2　海底磁力观测传感器

海洋磁力仪的应用范围很广，除了科研方面的常规地球物理调查外，在工程方面的应用也很广泛，如海底油气管线、海底光缆及通信电缆调查，海洋石油工业中的钻探井场调查；在事故处理方面，有对海底沉船、失事飞机的寻测；在环境保护方面，有对河流、湖泊、港口的污染沉积物探测等；海洋磁力仪在军事上的作用也越来越受到重视，如在反潜、搜寻海底军火等方面的应用。

海底磁力仪为实现较大区域内的磁力监控，一般以直线或阵列的形式布控在海底环境中。图 8-22 和表 8-18 是 Geometrics 公司生产的 G-882 型磁力仪的图示和主要技术指标。

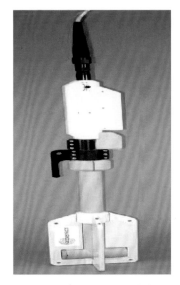

图 8-22　G-882 型磁力仪

表 8-18 G-882 型磁力仪的主要技术指标

工作频率	灵敏度	头误差	绝对精确度	输出	工作温度	存储温度	最大工作深度
20 000 ~ 100 000 nT	< 0.004 nT / pHz rms;代表性的 0.1 s 采样频率: 0.02 nT P-P; 或 1 s 采样频率: 0.002 nT, 采样率: 最多 10 次/s	< 1 nT（整个全部 360° 旋转）	< 3 nT（整个范围中）	RS232 在 1 200~ 19 200 Bd	-30~122 °F（-35~50 ℃）	-48~158 °F（-45~70 ℃）	9 000 m

8.4.3 海底地震观测传感器

海底地震仪（ocean bottom seismometer，OBS）是一种将检波器直接放置在海底的地震观测系统，可以用于研究天然地震的地震层析成像以及地震活动性和地震预报等。海底地震探测是获取海底岩性和构造的主要手段，在海洋油气资源勘探、海洋工程地质勘查和地质灾害预测等方面也得到了广泛应用。

海底地震仪由传感器单元、信号调节和暂时存储器单元、记录单元、控制单元、释放单元、仪器箱、联系通道连接、回收工具及电源组成。图 8-23 所示是 OBS 观测系统原理框图。

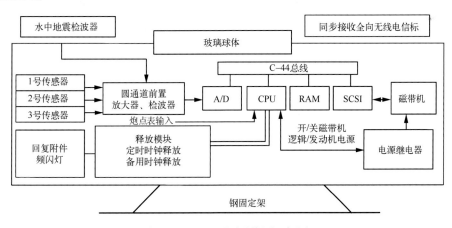

图 8-23 OBS 观测系统原理框图

8.5 水下目标探测

8.5.1 水下目标探测原理

水下目标探测主要是通过特征获取或成像方式进行探测，常用手段为声学成像。

声成像的基本工作原理为利用主动声呐向待探测区域发射声波，声波遇到障碍物发生散射及反射，由声学接收阵接收回波信号并进行处理，生成可见的一维或多维图像。由于声波在水中的衰减远小于可见光在水中的衰减，因此声成像技术被广泛地应用于水下目标的探测，如潜艇的探测、海底地形探测、鱼群探测等。水下声成像技术通过采集水下目标的后向散射回波信息进行成像。相比于水下光学成像系统，水下声成像系统可以工作在浑浊的水域，探测范围可达数百米以上，近年来随着水下声成像设备技术的飞速发展，其在水下目标探测领域应用愈加广泛和成熟。

8.5.2 水下声成像技术

声成像技术有以下三种：波束形成成像、声透镜成像和声全息成像。三种技术有相似的流程：空间处理（从声场获取图像）、换能（将声信号转化为电信号）、监测（将高频信号转化为能够检测的近似直流的信号）及显示图像。

8.5.2.1 波束形成成像技术

波束形成成像技术的目的是形成空间指向性，即声波在期望来波方向上输出幅度最大值，减弱其他方向波束输出。其通过对各个阵元的接收信号进行时延或移相处理起到空间滤波效果。发射系统具有指向性意味着发射能量集中在期望的方向，用较小的发射功率就可以探测到更远的目标。接收系统具有指向性意味着系统可以定向接收，不受其他方向上的干扰，同时可实现对探测目标方向的精准定位。若采用多波束接收系统则可以分辨空间中的多个目标。波束形成成像方法是声学成像技术中使用最多的方法。

8.5.2.2 声透镜成像技术

声透镜是利用透镜对声波进行聚焦，声波在透镜材料中的传播速度大于在水中的传播速度，所以声透镜需要设计为凹透镜。在声透镜的焦点上放置接收单元，便能实现对空间某一方向上的声波的接收。因为来自空间不同方向的声波有不同的焦点，不同的焦点就形成了焦平面。在焦平面放置由多个单元组成的接收基元阵列就能接收来自不同方向上的声波。每一个接收基元都对应一个特殊的接收方向，不同的回波采样时刻则对应不同的回波距离，由此得到探测目标的方位和距离信息。使用一维的声透镜及一维的接收阵列结合距离信息可实现目标的二维成像；当声透镜和接收阵列都是二维的，即二维接收阵列接收二维透镜聚焦的水平方向和垂直方向的声信号，结合距离信息便可得到三维声图像。

声透镜成像技术利用声透镜聚焦声波的原理成像，仅需要很少的相关电路，具有体积小、功耗低的特点。声透镜成像技术的缺点是，声透镜和接收基阵的相对位置固定使得焦距固定,在成像过程中不能实现动态聚焦。此外,不能像波束形成成像系统那样通过加权平均来减小系统的旁瓣效应,使用上的灵活度不如波束形成成像技术。

8.5.2.3 声全息成像技术

声全息成像技术的基本原理为水听器接收阵列接收到回波信号,通过检波处理形成声全息图,再通过图像重建方法获得重建全息图并进行显示。其特点是采用干涉理论构建声全息图,因此可以获得目标声场包含振幅分布和相位分布的全部信息,进而能够利用空间声场中一区域的已知声场特性来预测另一区域的未知声场特性。由于声全息成像技术记录了物体声场的全部信息,更能反映物体的各种特性。声全息成像能够显示对可见光及 X 射线不透明物体的内部结构,弥补 X 射线成像和光学全息的不足。

8.5.3 水下声成像设备

水下声学成像设备主要有机械扫描声呐(mechanical scanning sonar, MSS)、侧扫声呐(side-scan sonar, SSS)、多波束回波声呐(multi-beam echo-sounder, MBES)、合成孔径声呐(synthetic aperture sonar, SAS)以及三维成像声呐(3D imaging sonar)等。

8.5.3.1 机械扫描声呐

机械扫描声呐与陆地上的雷达工作原理相似,通过机械结构带动单换能器旋转,换能器旋转的同时在不同位置发射扇形波,实现 0°~360°范围的成像。机械扫描声呐的优点是扫描范围大;缺点是扫描时间长,声呐内部需要高速旋转的机械结构不利于小型化。图 8-24 所示是英国 Tritech 公司的 Super SeaKing 双频高速机械扫描声呐。

图 8-24 Super SeaKing 双频高速机械扫描声呐

该款声呐具有体积小、扫描速度高的特点,适合集成在自主水下潜水器(AUV)、ROV 上使用,可用于 AUV 的避障以及水下目标的探测和识别,也可以固定在海床基上使用。同时有两种频率可供选择，低频用于远距离探测，高频用于近距离高分辨率探测。具体的技术参数见表 8-19。

表 8-19　Super SeaKing 双频高速机械扫描声呐技术指标

工作频率	波宽度		脉冲长度		最大距离		最小距离	分辨力	质量（空气）	体积	供电
650 Hz　325 kHz	40°（竖直），1.5°（水平）	20°（竖直），3.0°（水平）	200 μs	400 μs	100 m	300 m	0.4 m	15 mm	3.0 kg	242 mm（长）×110 mm（直径）	20~72 V（DC）@ 12 W

8.5.3.2　侧扫声呐

侧扫声呐采用反对称结构的换能器安装在拖曳体上，由母船进行拖曳测量，也可集成在 AUV 或 ROV 上，在运动过程中不断发射脉冲实现对周围环境的成像。图 8-25 所示为安装侧扫声呐的 REMUS 100 AUV（侧面黑色部分为侧扫声呐）。侧扫声呐可以用于绘制海底地貌图，同时也可以用于水雷的排查和海底沉船及飞机残骸的成像，图 8-26 所示为使用侧扫声呐对海底沉船的成像。

图 8-25　安装侧扫声呐的 REMUS 100 AUV

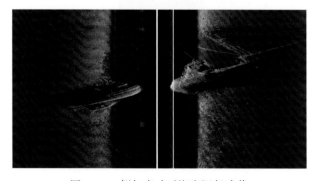

图 8-26　侧扫声呐对海底沉船成像

图 8-27 所示为 Edgetech 公司生产的 4125 系列超高清侧扫声呐，其技术参数见表 8-20。

图 8-27 4125 系列超高清侧扫声呐

表 8-20 4125 系列超高清侧扫声呐主要技术参数

工作频率	工作距离	水平波宽度	竖直波宽度	分辨力
400/900 kHz，600/1 600 kHz	400 kHz：150 m，900 kHz：75 m，600 kHz：120 m，1 600 kHz：35 m	400 kHz：0.46°，900 kHz：0.28°，600 kHz：0.33°，1 600 kHz：0.20°	50°	400 kHz：23 mm，900 kHz：10 mm，600 kHz：15 mm，1600 kHz：6 mm

8.5.3.3 多波束回波声呐

多波束回波声呐是在一个声呐头上安装多个换能器组成换能器基阵，换能器基阵对成像区域发射宽波束声波，换能器基阵对回波进行窄波束接收，并对多个波束进行拼接进而得到整个图像。多波束回波声呐的优点为成像速度快，精度高；缺点为价格高，数据量大。小型的多波束回波声呐可以由 AUV 或 ROV 携带进行导航与避障，或执行对水下线缆管道、沉船、飞机残骸的探测成像任务，而大型多波束回波声呐则可安装在船舶底端对海底地形地貌进行成像。

图 8-28 所示为美国 Teledyne BlueView 公司 M900 系列多波束成像声呐，图 8-29 所示为该声呐由 ROV 携带对海底飞机残骸进行探测成像，表 8-21 为其技术参数。

图 8-28 M900 系列多波束成像声呐

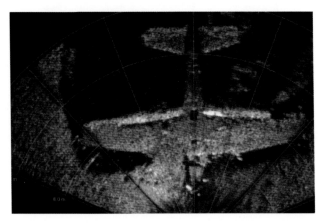

图 8-29　M900 系列多波束成像声呐对海底飞机残骸成像

表 8-21　M900 系列多波束成像声呐主要技术参数

视场角	工作频率	最大距离	波束数	波束间距	分辨率	更新频率	质量(空气)	供电
130°	900 kHz	100 m	768	0.18°	13 mm	25 Hz	1.8 kg	12~48 V(DC)@20 W

8.5.3.4　合成孔径声呐

合成孔径声呐采用在雷达领域发展成熟的合成孔径技术，在不增加物理接收基阵负担的前提下，通过处理声呐载体运动时各个采样点采集到的回波数据，虚拟合成大尺寸孔径才能获得的高分辨率。合成孔径声呐常应用于海底地形地貌的精细测量以及水下小目标的探寻。图 8-30 所示为挪威 KongsBerg 公司生产的 HISAS 1030 高分辨率合成孔径声呐用于探测海底水雷。图 8-31 所示为该合成孔径声呐对海底沉船的高清成像。

AUV下潜深度:3 m;
探测距离:15~95 m;
水深:10~13 m

图 8-30　HISAS 1030 高分辨率合成孔径声呐用于探测海底水雷

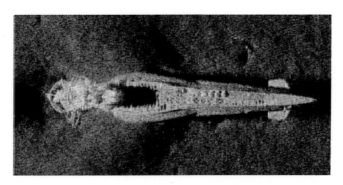

图 8-31　HISAS 1030 高分辨率合成孔径声呐对海底沉船的高清成像

图 8-32 所示为安装在挪威 HUGIN 1000 AUV 两侧的 HISAS 1030 高分辨率合成孔径声呐，该声呐的技术参数见表 8-22。

图 8-32　搭载 HISAS 1030 高分辨率合成孔径声呐的 HUGIN 1000 AUV

表 8-22　HISAS 1030 高分辨率合成孔径声呐主要技术参数

工作频率	最大距离	最大瞬时面积覆盖率	分辨率	体积
60~120 kHz	2 m/s 航速：200 m； 1.5 m/s 航速：260 m	730 m²/s	20 mm(沿迹航向)； 20 mm(垂直航向)	1.27 m(长)× 0.11 m(高)

8.5.3.5　三维成像声呐

实时三维成像声呐采用二维换能器接收阵列接收回波，每次接收声波产生由上万个测点构成的高分辨率三维图像。三维成像声呐适用于复杂水下环境的三维探测，如海底线缆管道铺设、导管架平台安装、水下移动物体识别追踪等工作。图 8-33 所示为英国 CodaOctopus 公司 Echoscope 实时三维成像声呐，图 8-34 所示为使用该声呐对导管架平台的安装工作进行监控。

图 8-33　Echoscope 实时三维成像声呐

图 8-34　水下导管架平台安装三维声呐成像

8.5.4　水下目标识别与跟踪

水下声学成像技术及相关设备的发展使得基于声学图像的水下目标与跟踪技术成为水下目标探测的一种重要方法，广泛用于海洋生物识别与检测、潜水器的识别与跟踪、水雷的探测以及重点水域的安防监测等领域。

声学图像同光学图像本质相同，都是能量在平面或者空间的分布图，但由于水声信道是空变和时变的，对声信息的传播产生各种复杂的干扰。首先，成像声呐为了获得高分辨率的声学图像，采用高频声信号，海水介质对声波的吸收随频率升高成二次方倍地增加，并伴随着体积扩散，因此高频声信号在海水传播中损失了相当一部分能量。此外，声波在海水中传播还伴随着多径、混响效应，各种海洋背景噪声也增加了声学图像的识别难度。下面简要介绍基于声呐图像的水下目标识别与跟踪方法。

基于声呐图像的水下目标识别与跟踪技术主要分为四个方面：水下目标检测、声呐图像预处理(包括图像去噪、图像分割)、水下目标识别(包括目标特征提取和分类)以及水下目标跟踪。

8.5.4.1　水下目标检测

水下目标检测的目的是定位声呐图像中感兴趣的目标，重点关注声呐图像高亮、阴影及海底混响三部分，其中，高亮部分是目标的反射回波形成，阴影部分是因为目标背面缺少回波形成，其余部分是海底混响。目前，水下目标检测方法总体可分为基于像素、基于特征和基于回波三种，见表 8-23。

表 8-23　水下目标检测方法比较

检测方法	基本原理	适用范围	缺点
基于像素	比较每个像素是否超过某一阈值实现检测	目标与背景对比度高	运算速度慢；多目标相互干扰

检测方法	基本原理	适用范围	缺点
基于特征	通过对比目标明显特征进行检测	水下环境复杂；杂波干扰大	几何建模困难
基于回波	水下目标物的材质、形状不同回波信号不同，根据回波信号的不同进行检测	埋在海底无高亮和阴影区域的目标	无精确的物理模型；虚警率高

8.5.4.2　声呐图像预处理

声呐图像预处理包括图像去噪以及图像分割。

声呐图像去噪的目的是将噪声信号减弱乃至消除从而得到质量更好、更清晰的图像。声呐图像去噪方法大致分为空间域方法和变化域方法两种，前者通过均值滤波、中值滤波、维纳滤波等方法直接对声呐图像本身灰度值进行处理以达到去噪的目的；后者通过傅里叶变换、小波变换等将图像变换到新的空间中进行去噪处理。

图像分割的目的是将目标区域及阴影区域从混响背景区域中提取出来，需要尽可能保留图像原始边缘信息。图像分割方法分为监督和无监督两种，前者使用实况分割生成的数据训练分类器，后者通过直接对图像的分析进行分割。

8.5.4.3　水下目标识别

水下目标识别是从声呐图像提取目标特征并进行分类识别，分为特征提取和特征分类两步。

特征提取指对某一图像的一组测量值进行变换，用其作为该图像代表性的特征，主要目标是减少数据点的维数达到数据区分的目的，一方面能够提取完整的特征保证识别的准确率；另一方面，滤除无用的干扰信息简化运算。声呐图像中提取的目标特征主要有两类，一类是水下目标的表面纹理；另一类是水下目标的外形即目标轮廓。在声呐图像特征提取中使用较多的是主成分分析法和线性判别式分析法。

特征分类是指用特征提取出来感兴趣的特征对目标进行精确的分类。常用的特征分类方法是基于神经网络的分类方法。近年来，很多研究将神经网络与判别分析、决策树、k-最近邻等分类算法相比较，发现神经网络对水下环境的目标特征分类有更好的适应性。

8.5.4.4　水下目标跟踪

水下目标跟踪是指能够根据声呐图像的序列，从复杂背景中锁定目标信息并实现水下目标跟踪的过程，但是目标不确定性和测量不确定性是水下目标跟踪算法需要解决的两个问题。目标不确定性指目标存在衍生、新生和消失的情况，再加上噪声的干扰使得区域内的目标数信息无法实时监测。测量不确定性指由于缺少跟踪环境的先验信息以及水下环境的随机性，破坏了回波与水下目标之间的对应关系，无法实时判断测量是否来自感兴趣的目标。目前，常用的水下目标跟踪算法有基于数据关联的跟踪算法、基于概率假设密度滤波器的算法和基于卡尔曼滤波的跟踪算法。

参考文献

陈鹰，连琏，黄豪彩，等，2018. 海洋技术基础[M]. 北京：海洋出版社.

高铭泽，2018. 传感器应用现状及发展前景探究[J]. 科技经济导刊，26(35)：28.

贾辉，张世强，陈晨，等，2005. 像全息的水下应用[J]. 红外与激光工程(1)：118-121.

李红志，贾文娟，任炜，等，2015. 物理海洋传感器现状及未来发展趋势[J]. 海洋技术学报，34(3)：43-47.

阮爱国，李家彪，冯占英，等，2004. 海底地震仪及其国内外发展现状[J]. 东海海洋(2)：18-27.

宋波，2014. 水下目标识别技术的发展分析[J]. 舰船电子工程，34(4)：168-173.

殷毅，2018. 智能传感器技术发展综述[J]. 微电子学，48(4)：504-507，519.

张婷，蒋望，何焰兰，2002. 水下全息实验[J]. 激光与光电子学进展(11)：30-31，23.

张巍，姜大成，王雷，等，2018. 传感器技术应用及发展趋势展望[J]. 通讯世界(10)：301-302.

9 系统集成与测试

9.1　概述

　　海底观测网可为水下科学探测仪器提供长期稳定的电能供给，岸基站工作人员通过海底观测网实时监控科学探测仪器数据，了解海底环境状况，实现对海洋的立体观测。图 9-1 所示是一个典型的海底观测网，由岸基站远程控制与数据处理中心、模拟测试系统、光电复合缆、海底接驳盒和观测仪器等组成。岸基站通过光电复合缆向海底设备提供电能和通信网络，通过分支单元，可以扩展出多个海底接驳盒，海底接驳盒作为能量和通信中转站，实现能量和通信的转换与分配，为科学仪器提供标准的能量和通信接口。模拟测试系统主要进行所有海底设备的陆上测试，包括环境适应性测试、联调拷机测试和水下组网测试。

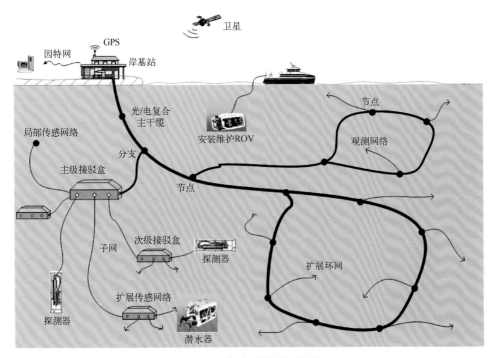

图 9-1　海底观测网架构图

海底接驳盒是海底观测网的中继站，实现各个科学探测仪器与岸基站之间的通信和能量输送，具体可实现的功能如电压转换、电能管理及分配、负载运行状况监控、内部状况监控、数据通信及故障处理和保护。

海底接驳盒根据功能不同，主要分为主级接驳盒和次级接驳盒。主级接驳盒作为海底观测网的主要节点，连接在主干缆上，可实现主干缆上的高传输电压到次级扩展电压的变换，以进行次级网络小范围电能传输；同时可实现主干缆上的光信号通信到电信号通信的转换，对主节点上所有信息进行中转和汇总。次级接驳盒作为科学仪器连接终端，可提供多路标准的水下接口，为科学仪器提供不间断电能和高带宽的以太网通信；次级接驳盒具有自我保护能力，以保证其可靠性。

9.2 系统集成

9.2.1 海底接驳盒集成封装

海底接驳盒集成封装包括内部封装和外部封装，外部封装通过耐压密封腔体实现，内部封装则通过对内部的器件进行合理布置和优化设计，实现内部结构安装的最小化，同时需要考虑到通信部分易受干扰，电源和通信部分采用分腔封装的方式实现干扰隔离。以海底观测网次级接驳盒为例，次级接驳盒包括中低压转换系统和低压电控系统，通常通信器件如交换机、路由器、监控系统等都是弱电器件，容易受到电源干扰，强电和弱电采用空间隔离的方式来实现干扰隔离，如图9-2所示。而对中低压转换系统，由于中低压电能转换模块具有较大的发热和较强的辐射，不宜与电控系统布置在同一个腔体，因此，采用弹性散热结构通过腔体筒壁达到良好的散热效果，如图9-3所示。中低压转换系统和电控系统采用分离腔体安装的方式，分别布置在不同的腔体中。

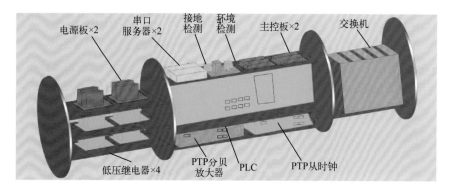

图 9-2　次级接驳盒电控系统封装

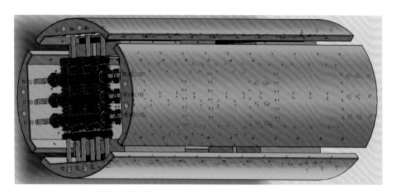

图9-3　次级接驳盒中低压电能变换系统封装

海底接驳盒处于海底高水压环境，其外部封装需解决耐高水压、防腐蚀、防水密封和良好的散热四个关键技术问题。由于圆筒形腔体结构具有应力分布均匀、承载能力高且加工制造方便等优点，海底接驳盒的外部封装设计通常采用圆筒形耐压腔体机械结构，以高强度、耐腐蚀的钛合金作为耐压腔体材料，辅助以阴极保护、涂层保护和耐腐蚀金属合金等方式进行耐腐蚀防护。耐压腔体选用O型圈实现防水密封，利用腔体壁和端盖相结合的散热结构进行散热，保证接驳盒内部电路系统的稳定运行。

海底接驳盒耐压腔体的失效方式一般有两种，一种是因强度不足而导致破坏，另一种则是因刚度不足而导致丧失稳定性。因此，各耐压腔体的设计均应包括强度计算和稳定性校核两部分内容：强度计算是根据强度理论，计算腔体的壁厚和端盖的厚度；稳定性校核是根据强度计算得到的厚度，检验该腔体是否会出现刚度失效。为了防止外压筒体发生失效，甚至破坏，在强度计算中必须考虑避免过大的弹性或塑性变形，这是目前世界各国压力容器壁厚计算公式的基础。弹性变形往往导致压力容器的失效，我国采用的失效准则也是弹性失效准则。而要判断压力容器在外压作用下的承载能力，必须应用强度理论。强度理论是判断材料在复杂应力状态下是否破坏的理论。四个基本的强度理论分别为第一强度理论（最大主应力理论）、第二强度理论、第三强度理论和第四强度理论。第一强度理论提出较早且应用较成熟，已经成为大多数国家通用的设计标准。根据第一强度理论，材料受力后，在三维应力状态中最大主应力是使材料达到危险状态的决定因素，而最大主应力达到单向应力状态下所测定的危险应力值时，材料开始破坏，其强度条件为

$$\sigma = \sigma_1 \leqslant [\sigma] \tag{9-1}$$

式中，σ 为应力强度（MPa）；σ_1 为最大主应力（MPa）；$[\sigma]$ 为设计温度下的许用应力（MPa）。

由于最大主应力 σ_1 为环向应力，公式可演化为

$$\frac{PD}{2S} \leq [\sigma] \tag{9-2}$$

式中，P 为设计承受的最高外部压力（MPa）；D 为圆筒中径（mm）；S 为圆筒形耐压腔体壁厚（mm）。

其中，圆筒中径 D 的计算公式为

$$D = D_i + S \tag{9-3}$$

其中，D_i 为圆筒形耐压腔体的内径。若考虑焊接等制造因素所造成的强度削弱，引进焊缝系数 φ，再考虑防腐蚀等因素，加上一个腔体壁厚的附加量 C，最后得到接驳盒圆筒形耐压腔体壁厚 S 的计算公式如下：

$$S = \frac{PD_i}{2[\sigma]\varphi - P} + C \tag{9-4}$$

接驳盒圆筒形耐压腔体采用平板端盖方式，端盖厚度可以采用高压容器平封头厚度的计算公式，当开孔直径 $d \leq 0.5D_i$ 时，端盖厚度的计算公式为

$$t = D_c \sqrt{\frac{KP}{[\sigma]\varphi}} + C \tag{9-5}$$

式中，t 为端盖厚度（mm）；D_c 为圆筒形耐压腔体的计算直径（mm）；K 为结构特征系数。

受横向均布外压作用的薄壁圆柱壳，按其结构尺寸的不同和失稳时出现的不同波纹数，分为长圆筒和短圆筒两种。对接驳盒耐压腔体进行稳定性校核，必须判断耐压腔体是属于长圆筒还是短圆筒。长、短圆筒采用临界长度 L_{cr} 加以区别，有如下等式：

$$2.2E\left(\frac{S_0}{D}\right)^3 = \frac{2.59E \cdot S_0^2}{L_{cr}D\sqrt{D/S_0}} \tag{9-6}$$

式中，E 为材料在设计温度下的弹性模量（MPa）；S_0 为圆筒形耐压腔体的计算壁厚（mm）。

公式化简后得到临界长度 L_{cr} 的计算公式为

$$L_{cr} = 1.17D\sqrt{D/S_0} \tag{9-7}$$

接驳盒圆筒形耐压腔体的计算长度记为 L，当 $L_{cr} < L$ 时属于长圆筒，按长圆筒进行稳定性校核，即设计承受的最高外部压力 P 必须小于或等于许用压力 $[P]$，稳定性校核公式为

$$P \leq [P] = \frac{P_{cr}}{m} = \frac{2.2E\left(\frac{S_0}{D}\right)^3}{m} \tag{9-8}$$

式中，P_{cr} 为临界压力（MPa）；m 为安全系数。

当$L_{cr}>L$属于短圆筒，按短圆筒校核稳定性，稳定性校核公式为

$$P \leqslant [P] = \frac{P_{cr}}{m} = \frac{2.59ES_0^2}{mLD\sqrt{D/S_0}} \tag{9-9}$$

9.2.2 接驳盒布放防护结构

9.2.2.1 主级接驳盒布放防护结构

主级接驳盒作为长期固定布置的主缆终端设备，必须具有一定的抗拖网、抗海流、防止大型水生生物咬嚼连接缆、耐腐蚀、防生物附着等特性，同时为了实现定期维护和升级，大范围的深海组网需要主级接驳盒具有优良的投放和回收特性。因此，主级接驳盒采用双层可分离式的结构，外部为斜塔式的高强度保护罩，并与主缆固连，内部放置接驳盒核心结构，该核心结构通过安装高耐压低密度的浮力材料可实现近乎零浮力的结构，实现 ROV 精确布放和回收。如图 9-4 所示为主级接驳盒安装和防护平台。

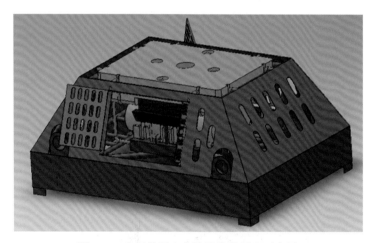

图 9-4   主级接驳盒安装及防护平台示意图

深海接驳盒从结构上主要划分为两类：基于分离结构的深海接驳盒和基于整体结构的深海接驳盒。前者适用于接驳盒总重量大于 ROV 机械臂载重而需要潜水器进行布放以及回收的情况，后者适用于接驳盒总重量小于 ROV 机械臂载重的情况。分离结构既有利于设计制造，也便于布放安装。主级接驳盒的功能需求如下。

(1)底座功能要求。接驳盒底座用来承载接驳盒内的所有设备，稳定牢固是其最主要的要求。同时，主要结构上与其他部件相配，能够顺利完成与腔体架的配合。再者，注意外形尺寸，满足运输及布放的设备限制(图 9-5)。

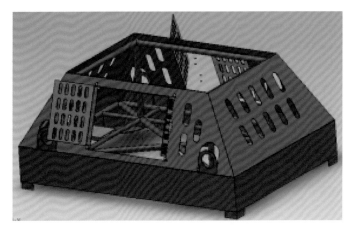

图 9-5　主级接驳盒底座设计示意图

（2）腔体架要求。在盒体布放到深海环境的过程中，腔体会遇到剧烈碰撞等恶劣情况，因此必须加以坚固可靠的固定，设计出能够适应恶劣情况的机械固定结构将腔体与腔体架固定为一个整体，这样才能保证腔体能够安全、顺利地布放，稳定、可靠地工作。为了避免深海接驳盒体中腔体与接驳盒外壳的直接碰撞，需要设计相应的机械保护结构，机械式的缓冲结构用以避免冲撞中造成不可恢复的伤害。

腔体架主要用来承载两个腔体和浮力材料，固定腔体，保护腔体不与底座发生碰撞。同时，整个腔体架在海水中的重量要满足 ROV 的载重，这就需要浮力材料提供浮力来平衡其过多的重力，如图 9-6 所示。

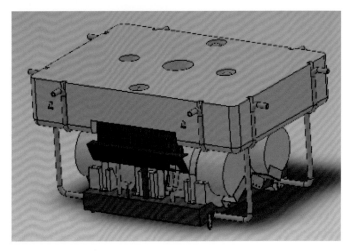

图 9-6　腔体架示意图

9.2.2.2　次级接驳盒布放防护结构

次级接驳盒平台设计具有跟主级接驳盒平台设计相似的要求，需要具备抗拖网、抗海流、防止大型鱼类咬嚼连接缆、耐腐蚀等特点。但次级接驳盒由于不是处于主干缆终端，具有不同特点，其可采用绞车的方式来实现布放和回收，但由于具有多个接驳接口，设计时需考虑到便于 ROV 插拔操作，防止连接缆干扰或者缠绕到 ROV。

由于次级接驳盒投放方式有别于主级接驳盒投放方式，要求其具有比主级接驳盒更强的抗震和抗冲击能力，对设计出来的平台进行 FEA 分析和 ADAMS 流体动态分析，在强度上保证其满足投放需求，并针对投放过程进行模拟仿真分析，以获得可能出现的震荡情况，然后对平台进行优化设计，如图 9-7 所示。

图 9-7　次级接驳盒平台结构

9.3　系统模拟测试

海底观测网工作在复杂的海底环境中，建设成本高昂，一旦布放实施后维护困难，维护成本非常高昂，所以整个系统在投放于海底之前，必须对其可行性、稳定性以及长期运行性进行陆地上的模拟测试（图 9-8），即模拟出水下运行环境，测试海底接驳盒的各项技术指标、参数以及通信正常与否，了解其稳定性和可靠性，同时寻找系统中可能存在的薄弱环节并加以改进，保证在整个系统投放入海底之前，无论是电能传输与分配，还是各观测仪器的信号传输与通信，都能达到一个优良的运行状态，以减少故障带来的各项风险与问题。

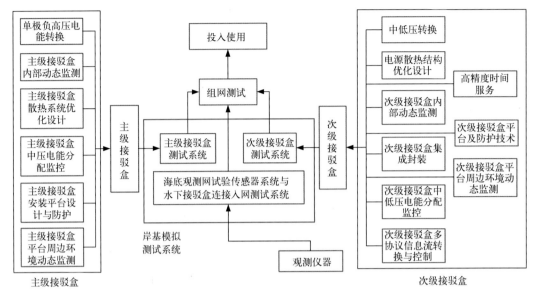

图 9-8　海底观测网模拟测试系统功能

9.3.1　模拟测试内容

海底观测网最基本的功能是电能传输、电能转换和分配，以及信号传输与通信。工业用电经过变压或整流之后，通过海底光电复合缆传送到海底后不能直接用于各种观测设备，需通过接驳盒中的电能转换装置，将光电复合缆上传来的电能，通过变压或整流，转换成观测器适用的电能形式。同时，海底布置着许多观测仪器，每时每刻都有大量的观测数据需要传送到陆地上的岸基站，岸基站也会发送各种控制信号到各种观测仪器。对于这种情况，岸基站不可能与各测量仪器直接进行通信，中间必须设置一个过渡环节，对信号的传输和通信进行处理和调度，这一任务由海底接驳盒来承担。

系统模拟测试旨在对海底观测网的电能传输、电能转换和分配，以及信号传输与通信进行测试，主要测试内容如下。

(1) 浪涌电流检测。海底接驳盒及水下科学探测仪器在电源启动瞬间，会产生一个浪涌电流，可以达到很高的电流值，进而对线路仪器产生极大的冲击，所以必须对其进行检测，并加以限制，才可以接入海底观测网，如果超过额定电流值，则不允许接入系统组网。

(2) 负载特性检测。对于将要连接到海底观测网接驳盒的子系统而言，电压和电流监控是其安全运行的有力保障，所以，对于此类子系统而言，必须首先通过模拟测试系统对其进行上电测试，监测其电压和电流参数，确认满足要求后，才可以与海底观测网接驳盒进行接驳。

（3）接地故障检测。任何水下科学仪器，接地故障都是极易发生的故障，这是由于腔体一般为导体材料，任何一处电路的接地异常均可能导致接地故障的出现。因此，必须对水下科学仪器的内部电路进行检测，一旦发现接地故障，需要立刻调整，以防设备进入海水中无法正常运转。

（4）通信能力检测。海底观测网采用光纤通信方式，主级接驳盒对于系统上传数据进行打包处理，通过光电交换机转换为光信号，再经光电复合缆传到岸基站进行分析处理，岸基运行管理系统同样通过这种方式对水下接驳盒进行监控管理。通信能力检测主要针对通信协议标准、通信信道是否通畅、通信信道衰减率等进行检测，确保通信无故障。通信能力检测具体包括：① 连接状态测试，利用 Ping 命令，检测与网络相连的设备是否联通以及 Vlan 的划分情况；② 吞吐量，是指在没有帧丢失的情况下，设备能够接受的最大速率；③ 延迟，数据包从一个网络端口发送到另一个网络端口，接收到时所用的时间；④ 丢包率，是指测试中所丢失数据包数量占所发送数据包的比率；⑤ 背靠背，交换机在不丢帧的情况下能够以最小帧间隔持续转发数据帧的数量；⑥ 转发能力，用交换机每秒能够处理的数据量来定义交换机的处理能力；⑦ 流量控制，传送与接收过程当中很可能出现收方来不及接收的情况，这时就需要对发方进行控制，以免数据丢失。

（5）稳态特性检测。对于待布放的海底接驳盒以及各类水下科学仪器而言，长期稳定可靠地工作是必不可缺的一项因素。在实验室搭建模拟测试平台，模拟实际海底环境，对于待布放系统进行 10 天以上的运行拷机检测，持续监测运行状态数据，确保整个系统在实际使用中的长期性与稳定性，图 9-9 所示为实验室稳态特性检测区。

图 9-9　实验室稳态特性检测区

（6）高压舱压力环境检测。海底接驳盒或水下科学仪器用于远离陆地的高压水下环境，因此对于系统外部腔体的稳定性、抗压性以及密封性具有很高的要求。高压环境检测主要对系统接驳盒的耐压腔体和耐压元件进行严格的打压测试，确保其在高压水环境下具有良好的密封性和结构稳定性。实验室高压环境检测设备如图 9-10 所示。

图 9-10　实验室高压环境检测设备

9.3.2　模拟测试平台

海底观测网岸基站通过海底光电复合缆进行电能和通信传输，光电复合缆是典型的具有分布参数特性的元件，其上的分布电容和分布电感可能会加剧海底接驳盒启动瞬间的瞬态过电压和过电流。由于光电复合缆价格昂贵、体积较大，通常只在布放时使用，如果将光电复合缆用于实验室测试，将承受在实验过程中不可逆损坏风险。

搭建基于海底观测网络的模拟测试平台，包括岸基供电电源、多组阻容感电缆阻抗模拟电路、自动/手动节点开关装置、多组主级接驳盒以及次级接驳盒、多组模拟负载，用于海底观测网络的电能传输特性、负载特性、动态特性等无法进行实际检测特征参数的模拟测试，提供可靠的模拟测试环境，对水下设备进行布放前的测试。

岸基供电系统为模拟平台提供 10 kV 的负高压电源，输出端一端接地，一端连接阻容感电缆等效阻抗电路，由于实际电缆上的阻容感特性为分布式存在，因此每个阻容感等效阻抗电路模拟 10 km 的光电复合缆，具体参数由实际使用传输缆参数设定，以此类推在每个节点之前均接入相应数量的阻容感等效阻抗电路，以完全模拟出实际海底观测水下平台的电能传输网络。

在每一个节点之下，连接一个主级接驳盒系统的输入端，主级接驳盒系统的另一个输入端接地，主级接驳盒的输出端并联连接两个次级接驳盒，以测试接驳盒接入与断开时对其他接驳盒系统的影响，在次级接驳盒的输出端连接两个模拟负载，以测试在实际使用过程中负载的接入与断开对主级接驳盒系统产生的影响。图 9-11 所示为岸基模拟平台的架构图。

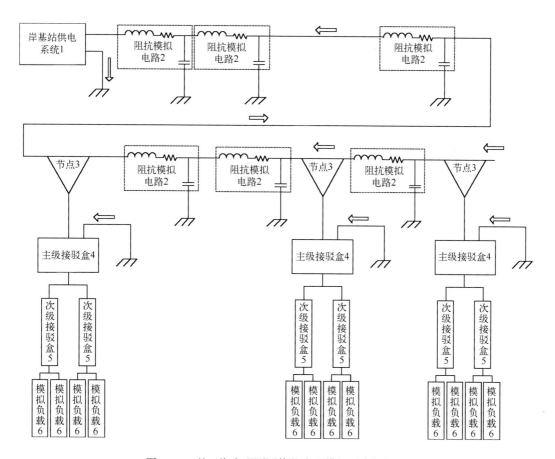

图 9-11　基于海底观测网络的岸基模拟平台架构图

9.3.3 模拟测试系统

模拟测试系统为海底接驳盒和水下科学仪器的入网性能和电气特性进行测试，系统功能框图如图 9-12 所示。通过建立海底观测网络实验室模拟测试系统，可以对海底观测网络的不同设备在布设和接入前进行适应性检测与试验，并建立相应标准和规范。首先对模拟测试系统的各项性能测试指标进行入网指标标定和验证，确保其具备对其他设备进行测试判定的能力，而后利用模拟测试系统对主级接驳盒平台、次级接驳盒平台、观测仪器进行入网测试，对不通过的系统进行修改和完善，直到其达到入网标准。当所有系统达到入网标准后，进行组网测试。当组网测试性能稳定后，即可将接驳设备投入使用，组建海底观测网。

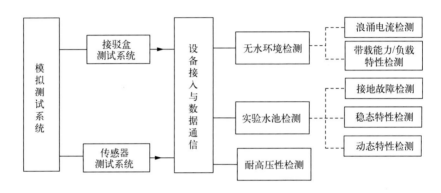

图 9-12　海底观测网络模拟测试系统功能图

图 9-13 所示为模拟测试系统的方案示意图，针对浪涌电流、负载特性、接地故障、稳态特性等项目测试主要是监控电压和电流的数值，其中浪涌电流等动态特性测试集中于测试开始后前几毫秒的瞬态数据采集，而其他项目测试监控的电压和电流的数值都是非瞬态的数据，获取的是系统稳定后的有效数据。系统采用模拟电子负载的加载和调整，而实际的负载可以只是作为模拟负载的一个特例。

电压、电流等电量参数数据的采集采用 AD 芯片进行 AD 转换，在嵌入式系统中进行处理、存储、整理和传输。接地故障的检测主要获取相应各个线路的电阻值以完成对整个系统接地电阻的分布状况的全局了解。测试原理以电桥法将电阻变化转换为电压变化值，通过 24 位精密 AD 转换测量计算出绝缘电阻。

数据通信采用网络通信，不做实时传输数据，测试的数据在单片机中存储，测试空闲时传输测试数据。一个测试周期完成后在计算机软件中画出测试曲线和计算出相关的数据。同时通过网络通信进行这个系统的测试时的协调工作，在计算机软件的协调处理下，整个测试可以自动完成。

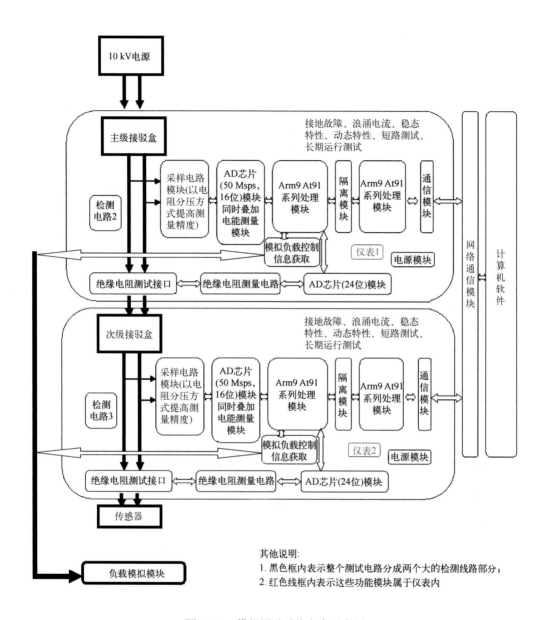

图 9-13 模拟测试系统方案示意图

　　模拟测试系统主要包括三个方面，即主级接驳盒测试 系统、次级接驳盒测试系统以及传感器测试系统，分别对应不同的待检测仪器，制定符合各自使用情况的标准，最终建立海底观测网络模拟测试系统，对海底观测网络各种设备在布设和接入前进行适应性检测与试验，并建立相应标准及规范。图 9-14 为模拟测试系统示意图。

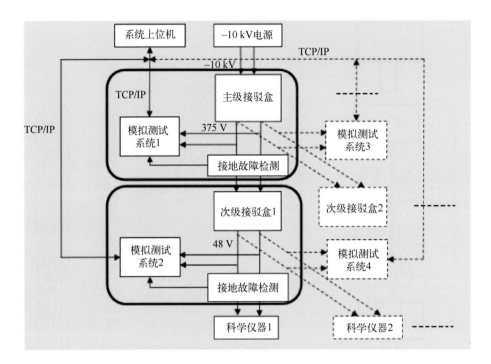

图9-14 基于海底观测网络的模拟测试系统框图

9.3.3.1 主级接驳盒测试系统

主级接驳盒测试系统主要包括无水环境检测、水池环境检测以及高压环境检测三个部分。主级接驳盒的供电电源为-10 kV 直流电源,对其电压、电流检测需注意其高压特性。

无水环境检测主要对系统浪涌电流、光缆通信、供电能力等进行测试。通过对其启动瞬间的浪涌电流进行高精度检测,判断其是否在系统能承受的范围内,以免造成整个观测网供电不稳定。光缆通信检测是对主级接驳盒的光纤通信通道是否通畅、衰减率等进行检测,确保通信无故障。供电能力测试主要是进行带载测试,确保其输出特性满足次级接驳盒的要求。水池环境检测主要对系统接地故障以及长期稳态特性进行检测。采用实时在线接地故障检测的方式对主级接驳盒的供电线的接地状况进行检测,确保供电系统在故障发生前能够快速预警。长期稳态特性检测主要检测水池环境下主级接驳盒带载时的长期运行状况,确保其长期环境下运行特性变化在一定的范围内。高压环境检测主要对系统接驳盒的耐压腔体和耐压元件进行严格的打压测试,确保其在高压水环境下具有良好的密封性和结构稳定性。

9.3.3.2　次级接驳盒测试系统

次级接驳盒测试系统的供电电源为 375 V，对其检测同样主要包括无水环境检测、水池环境检测以及高压环境检测三个部分。

无水环境检测主要对系统浪涌电流、通信能力、带载能力等进行测试。通过对其启动瞬间的浪涌电流进行高精度检测，判断其是否在系统能承受的范围内，以免造成主级接驳盒供电故障误诊断甚至引起故障。通信能力是对次级接驳盒的通信通道是否通畅、衰减率等进行检测，确保通信无故障。带载能力测试主要是进行带载测试，确保其输出特性满足设计要求。水池环境检测主要对系统接地故障以及长期稳态特性进行检测。采用实时在线接地故障检测的方式对次级接驳盒的供电线的接地状况进行检测，确保供电系统在故障发生前能够快速预警。长期稳态特性检测主要检测水池环境下次级接驳盒带载下的长期运行状况，确保其长期环境下运行特性变化在一定的范围内。高压环境检测主要对次级接驳盒的耐压腔体和耐压元件进行严格的打压测试，确保其在高压水环境下具有良好的密封性和结构稳定性，并进行高水压环境下的运行测试。

9.3.3.3　传感器测试系统

传感器系统为海底观测网的终端，是变化最多的部件，负载特性多样，容易对海底观测网造成影响，因此，需对接入海底观测网的仪器进行严格测试。该部分同样包括无水环境检测、水池环境检测以及高压环境检测三个部分。

无水环境检测主要包括浪涌电流、网络通信协议匹配、负载特性测试。通过对其启动瞬间的浪涌电流进行高精度检测，判断其是否在系统能承受的范围内，以免造成次级接驳盒供电故障误诊断，甚至引起故障。网络通信协议匹配检测是一种黑盒测试，它依据协议标准来控制观察被测试协议实现的外部行为，而后对被测协议实现进行检测。负载特性测试是对设备运行过程中的启动、稳定运行、关断下的负载特性，对负载的容性、感性特征设定一定的标准，以限制其动态下出现过流、过压或者超负载的情况。水池环境检测主要对系统接地故障以及长期稳态特性进行检测。采用实时在线接地故障检测的方式对传感器系统的供电线的接地状况进行检测，确保供电系统在故障发生前能够快速预警。长期稳态特性检测主要检测水池环境下传感器系统的长期运行状况，长期运行的负载动态特性，确保其长期环境下不会对次级接驳盒造成影响。高压环境检测主要对传感器系统的耐压腔体和耐压元件进行严格的打压测试，确保其在高压水环境下具有良好的密封性和结构稳定性，并进行高水压环境下的运行测试。

模拟测试系统主要测试性能见表 9-1。

表 9-1　模拟测试系统主要测试性能

待检测设备	测试类别	测试项目
主级接驳盒	环境适应性测试	高温贮存试验
		低温贮存试验
		静水压力试验
	联调拷机测试	输出接口兼容性测试
		输出特性测试
		供电能力测试
		通信测试
		故障诊断与隔离能力测试
		电磁兼容性测试
	水下组网测试	模拟布放
		水下插拔
		运行稳定性测试
次级接驳盒	环境适应性测试	高温贮存试验
		低温贮存试验
		静水压力试验
	联调拷机测试	输出接口兼容性测试
		输出特性测试
		供电能力测试
		通信测试
		故障诊断与隔离能力测试
		输入接口兼容性测试
		输入阻抗测试
		输入浪涌测试
		功率测试
		接地阻抗测试
		通信性能测试
		电磁兼容性测试
	水下组网测试	模拟布放
		水下插拔
		运行稳定性测试

续表

待检测设备	测试类别	测试项目
传感器	环境适应性测试	高温贮存试验
		低温贮存试验
		静水压力试验
	联调拷机测试	输入接口兼容性测试
		输入阻抗测试
		输入浪涌测试
		功率测试
		接地阻抗测试
		通信性能测试
		电磁兼容性测试
	水下组网测试	模拟布放

参考文献

陈燕虎，2012. 基于树型拓扑的缆系海底观测网供电接驳关键技术研究[D]. 杭州：浙江大学.

卢汉良，2011. 海底观测网络水下接驳盒原型系统技术研究[D]. 杭州：浙江大学.

杨灿军，张锋，陈燕虎，等，2015. 海底观测网接驳盒技术[J]. 机械工程学报，51(10)：172-179.

张锋，2015. 多节点海底观测网络直流微网电能传输系统关键技术研究[D]. 杭州：浙江大学.

张璐，2015. 海底观测网络模拟测试系统研究[D]. 杭州：浙江大学.

张志峰，2017. 海底观测网故障诊断与可靠性研究[D]. 杭州：浙江大学.

10 海上施工与维护

本章主要对海底观测网的海上施工与维护进行总体性描述，包含各个工程内容的基本要点与操作方法概述，主要包括海缆施工、海缆维修及接驳设备布放与回收。

10.1 海缆施工

10.1.1 海缆敷设方式

海缆的敷设及保护，即海底光电缆安装作业和保护方式，一般根据海底底质条件选择直接埋设或带保护敷设两种方式。

（1）直接埋设。水深小于200 m的区域是直接埋设海缆的首选作业方案。在离开潮间带船只无法作业区域，可采用埋设犁冲埋的方式（图10-1）进行海缆埋设，这种埋设方式适用于泥沙松软底质条件、海流流速较低、泥沙冲刷流失较小的区域，不适用于砂石硬质底质条件和大流速区域。

图 10-1　海缆埋设犁

（2）带保护敷设。水深小于20 m海域内，底质条件较为复杂、底质较硬、存在裸露岩石、海缆可能存在悬空、流速较大的区域，带保护敷设方式为唯一海缆作业方案。

带保护敷设一般采用铸铁保护管全程套管、悬空区域采用压载水泥袋、跨越区域采用贝型保护罩的方式进行安装敷设作业，适用于潮水冲刷潮间带、无法或很难进行海缆埋设的海底砂石类底质区域、海底岩石底质结构存在海缆悬空区域、海底流速过大导致海缆周期性运动区域、海底冲刷情况恶劣导致泥沙流失严重区域、海底管线交越地带等区域，同时要求水深较浅(≤10 m)适于蛙人操作，安装铸铁保护管对海缆进行保护，使海缆免遭破坏。图 10-2 所示为海缆保护的几种方式。

图 10-2　海缆保护

10.1.2　施工工艺

海缆施工的基本原理是采用平底施工船作为海缆主体施工船，船上布置有两个缆盘、退扭架、布缆机、扒杆、高压水泵供水系统、埋设机、海缆埋深监测系统、差分全球定位系统(DGPS)、锚泊定位系统、发电机组和生活舱等设备设施。埋设机由扒杆投放入水，液压绞车收绞预先敷设的牵引钢缆带动船舶沿路由移动，同步拖曳水下埋设机进行海缆敷埋施工。施工时采用拖轮侧顶纠偏或锚艇辅助锚泊进行前进和纠偏的施工方法。

工艺流程简介：陆上缆沟施工→接缆→施工准备工作→始端登陆施工→海中段海缆施工→终端设备沉放及连接。

该工艺的特点：①施工船吃水浅，在泥沙底质登陆段，施工船可以搁浅登滩，最大范围地将海缆采用埋设机械埋深，避免人工埋深不足的缺点；②采用导缆笼技术，确保了从敷设船到海底埋设机之间悬空段海缆的安全。导缆笼是海缆经过的通道，用以保证海缆在通过导缆笼时不发生弯曲，具有保护海缆的作用。导缆笼与导缆笼之间安装紧密，不留有空隙；③施工船由拖轮及锚艇辅助控制海缆敷埋航向、偏差，施工船海缆路由敷埋偏差可控制在一倍水深以内。

因此，牵引式敷埋方法具有敷埋速度稳定、航行偏差及时控制、适合长距离连续敷埋作业等特点。

10.1.3 施工过程

1）设备装船及过缆

海缆在过驳前首先进行出厂检验，对装载上船的海缆进行性能检测，包括逐根进行相关指标的测试；待测试符合设计标准后方能进行过驳施工。

首先施工船靠缆厂码头，调整船位，将施工船的缆盘中心与生产厂家的退扭架中心对齐，带缆固定船位。过缆时，厂方将海缆沿栈桥输送至退扭架顶，然后，海缆头绑扎上钢绳网套，再与牵引钢绳联结，将海缆头经过退扭架后，牵引至缆盘内。海缆在盘内采用人工沿俯视顺时针方向盘绕，盘绕前海缆头部预留一定长度在盘圈内，以方便海缆测试。过缆速度控制在平均 1 200 m/h 以内。过缆时须和海缆厂家确认核对盘缆方向(顺时针、逆时针)。

装船完毕后重新对海缆性能检查测试，确认各项性能指标满足工程设计要求。

2）航告申请

施工前配合建设单位向海事部门申请施工方案审批，并配合办理水上、水下施工许可证。配合港监发布航行通告，提醒经过施工现场的航运船只注意，并安排施工期间(特别是穿越航道施工)的现场维护、警戒和巡逻，确保施工不受干扰。

3）工程测量

施工船抵达施工现场前，锚艇及陆上土建施工人员先进场，利用 DGPS 对路由登陆点以及工程的各主要控制点进行测量复核。特别对勘察资料提供的路由附近的基岩、沉船等不明物位置采用辅助船定位，由潜水员或潜水器水下探摸了解情况，并将各个坐标点输入定位系统中，确保海缆敷埋施工的安全、顺利。同步土建项目提前进行缆沟槽开挖施工。

在施工过程中，利用自行研制的海缆埋设监测系统对光缆的具体位置进行监控。施工有关数据的采集主要通过倾角传感器、电子罗经、姿态传感器、水深传感器、触地传感器、张力传感器、拖力传感器、计米器、水泵压力传感器等完成。其中，倾角传感器、姿态传感器、触地传感器、水深传感器在施工过程中能显示当前埋设机在海底的姿态以及当时的水深情况，电子罗经、DGPS 则在施工过程中直观地反映当前的船位。同时在施工过程中可以通过拖力传感器测出牵引埋设机的牵引力。这些数据将为施工提供依据，并根据实际情况来调整施工方法，确保海缆的安全以及施工的质量。

4）扫海及登陆准备

主施工船抵达现场前，先完成登陆段沟槽开挖等陆上作业，锚艇采用尾拖扫海锚对整条海域路由进行往返多次海底障碍物的清理，特别需要截断与路由横向交叉的缆绳及废弃锁链。

登陆准备：首先在登陆点的路由轴线上挖设绞磨机地垄，然后在登陆的滩涂上按设计轴线敷设海缆登陆的牵引钢丝，并在海缆登陆路由沿途设置滚轮，以减少海缆登陆时的摩擦力。

5）始端登陆施工

施工时，利用高潮位，将施工船尽量驶近岸边，以减小登陆距离，并利用动力定位系统将施工船定泊于登陆海缆登陆轴线上。

登陆时，海缆头从缆盘内拉出，从船头入水槽入海，水面段在海缆下方每隔 5 m 垫以充气内胎，利用白棕绳将助浮充气内胎与海缆绑扎固定；利用预先设置在始端登陆点处的绞磨机牵引海缆浮运登陆，助浮于海面段海缆两侧由数艘辅助小船控制海缆弯曲半径防止意外发生。将海缆牵引至滩涂处，人工解除助浮充气内胎，将海缆搁置在预先设置的海缆登陆路由的滚轮上方滚动或滑动，减少海缆牵引的阻力。海缆登陆如图 10-3 所示。

图 10-3   海缆登陆

海缆登陆牵引至基站后，按要求余留盘余，辅助小艇沿登陆段海缆逐个拆除浮运海缆的内胎，将海缆沿设计路由沉放在海床上，并在登陆滩设置海缆地锚固定装置。

6）海缆敷埋施工

始端登陆施工完成后，施工船沿设计路由敷设海缆至泥沙底质处，进行敷埋施工。施工步骤：缆盘内海缆提升→海缆放入甲板缆槽→海缆放入埋设机腹部→投放埋设机至海床面→安装导缆笼→施工船启动敷埋海缆。

（1）埋设机投放。海缆放入海缆槽并装入埋设机腹部，关上门板，采用扒杆将埋设机缓缓吊入水中，搁置在海床面上。严格按照埋设机的投放操作规程，按照以下程序进行作业：埋设机起吊，脱离停放架；在埋设犁海缆出口处设置吊点，保证投放埋设犁时海缆的弯曲半径；埋设机缓缓搁置海床面；潜水员或潜水器水下检查海缆与埋设机相对位置，并解除吊点；启动两台水泵；启动埋深监测系统；启动水平动力转盘；启动布缆机；启动主牵引液压绞车，开始牵引敷埋作业。

（2）埋深调节与控制操作。按照设计要求调节埋设机埋设海缆深度为 4 m。在施工过程中，海缆埋设深度可通过调节主牵引前进速度、水泵压力以及埋设机姿态等手段来控制。在布缆机出口处安装张力仪，时时检测海缆所受的张力，同时结合敷埋速度、流速及水深变化等外在因素来调节布缆机的布设速度与水平动力转盘的旋转速度，防止每米海缆所受的张力超出技术要求。特别在敷埋起始处，海缆所受张力会传递至登陆段海缆，过大的张力会导致基岩段海缆受损，并造成海缆无法自然敷入缆槽的沟底，影响海缆的敷埋深度。海缆入水角度应控制在 45°左右，由导缆笼内进入埋设机，导缆笼可以防止因水深或者侧向水流较快而导致施工中海缆打扭。

敷埋时施工船易偏离路由轴线，所以采用施工船本身锚泊定位系统进行路由纠偏施工，在锚艇及拖轮顶推的帮助下路由敷埋偏差可控制在左右 10 m 范围内，保证在施工过程中不会发生较大偏差的情况。若施工中潮水流速较快，并且拖轮顶推也无法控制偏差时，则由锚艇抛设"八"字锚原地定位，待流速减小后继续施工。

7）穿越航道施工（如有）

施工船在取得当地海事部门许可的情况下，依据发布的航行通告时期进入航道区域作业，由海事港监等相关部门认可的船舶在路由两侧游弋警戒。警戒船引导其他船只在施工船前方 300 m 的范围或者后方 200 m 的范围外减速、慢行通过。若航道内通航船只密度较大，施工船可以选择降低敷埋速度或在安全区域等待，避开通行高峰期，同时启用拖轮及锚艇增加警戒船数量。施工船组安排专人收听甚高频，随时与附近来往船只、警戒船只及海事监管部门保持联系。

8）埋设机回收施工

待施工船施工至海中终端 100 m 附近即开始回收埋设机。严格按照以下操作规程：

调整埋设机牵引钢缆和埋设机起吊索具，将埋设机移位至距船艉甲板7 m处；采用卷扬机将埋设机吊出水面，调整牵引钢缆及起吊索具，将埋设机搁置在专用停放架上。埋设机起吊区域水深约为50 m，技术人员随时监测起吊埋设机时海缆所受的张力，一旦发现张力过大，立刻停止作业并由潜水员下水进行各环节检查，确保海缆安全；将海缆从埋设机海缆通道内取出并放入水槽中，海缆从海缆通道内取出时，在埋设机尾部海缆出口处设置两个吊点保持海缆的弯曲半径。

9）海缆保护施工

（1）登陆段保护施工

①陆上登陆段。该段为地波雷达站至登陆滩基岩之间的海缆，长度约250 m，底质为砂土及砾石。海缆采用人工开挖缆沟保护，缆沟开挖结合实地情况，避免对树林、灌木丛造成较大的破坏，业主应提前做好地方政府的协调工作。同时，地级缆与登陆段海缆采取相同缆沟相同方法保护。

缆沟开挖后，整平沟底，敷海缆至沟槽底部，随后铺设一层砂土，覆盖红砖并将砂土回填缆沟，缆沟开挖深度1.2 m（图10-4）。多余的海缆按建设单位指定位置开挖3 m×8 m、深度为1.5 m的蓄缆池，海缆呈"8"字盘入池中，并回填砂土。

图10-4 缆沟开挖

②陆上基岩段。该段底质为基岩，长度约50 m。选择适合的天然基岩沟槽，采用人工开凿、整平、制作缆沟，海缆安装铸铁关节套管后敷设入缆沟内，缆沟回填碎石并采用混凝土包封的保护方法，水陆交叉段区域施工选择大潮汛低水期进行，基岩缆

沟深度不低于 0.6 m(图 10-5)。

登陆海缆及地级缆铸铁关节套管安装时,小头朝向海面,大头套小头逐节连续安装,并用螺栓固定,套管之间不能间断,否则会大大降低套管保护的安全性(图10-6)。

图 10-5　基岩包封缆沟　　　　　　　图 10-6　铸铁关节套管安装

③水中基岩段。该段底质为基岩,长度约 60 m。潜水员水下整理石块,选择天然基岩沟槽,海缆安装铸铁关节套管后敷设入缆沟内,海缆上压盖混凝土砂浆袋(图10-7),最后按 5 m 间隔在海缆上压盖马鞍型混凝土压块(图 10-8)。长期潮汐、涌浪冲击,海缆在基岩上反复摩擦导致中断故障,根据以往施工经验铸铁关节套管也会受损破裂,间断压盖特制的马鞍型混凝土压块后,整体将海缆固定在基岩上,大大地降低了基岩滩涂海缆的故障率(图 10-9)。

图 10-7　压盖混凝土砂浆袋　　　　　　图 10-8　马鞍型混凝土压块

图 10-9　水中安装铸铁关节套管

压块提前按图纸加工定制,压盖压块的具体方法为:ⅰ.施工船根据海缆敷设路由图,就位于吊放压块处,为了保证施工安全,吊放压块时必须在平水时作业;ⅱ.作业时先把一个压块平放在施工船起重架下,采用两点吊沉放,保持压块重心稳定;ⅲ.潜水员从侧舷入水,探摸到海缆后绑扎绳漂,甲板施工人员根据绳漂判断海缆位置,移动船位使起重架中心在绳漂上方;ⅳ.压块吊入水中缓缓沉入放置在海床上;ⅴ.潜水员探摸到海缆和压块的位置后用水下对讲机通知船上调整船位;ⅵ.起吊水泥压块并移动到海缆上方,起重架缓慢地松放钢丝绳,潜水员移动并微微旋转压块使海缆在压块底面凹槽里并解除吊索;ⅶ.压盖压块完成后潜水员回到甲板上,调整船位继续沉放下一个压块。

④机械埋设起点段。该段是埋设机投放点与水下基岩之间段,底质为泥沙,长度约40 m。潜水员水下安装铸铁关节套管并冲埋保护,冲埋深度1.2 m。

(2)预警浮标布放

为了确保水下设备安全运行,在水下设备沉放周围布放多个预警浮标预防渔业作业、船舶锚泊等人为破坏。

预警浮标由链条连接混凝土沉块,链条长度为水深的两倍,沉放作业时先将混凝土沉块沉放至海床上,再布放连接链条,最后将浮标抛入海面。

预警浮标平面布放所形成的区域应能包括所有裸露在海床表面的设备及海缆,并且浮标布放后,必须考虑到以混凝土沉块为圆心,浮标受潮水方向转变而形成的圆形范围不能影响以后水下设备维护或延伸扩展施工中的船舶定位。如某工程中的预警浮标布放如图10-10所示,5个浮标的布放位置形成了一个半径为300 m,以水下主基站为中心点的圆。该圆形区域不仅重点保护水下主基站及仪器平台,还覆盖了终端100 m敷设的海缆。

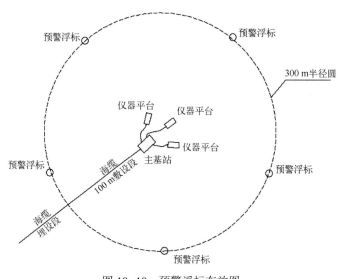

图 10-10　预警浮标布放图

10.2　海缆保养、使用及维护措施

10.2.1　海缆线路的维护组织

10.2.1.1　维护方式

根据海缆数字通信的特点，结合几年来海缆维护情况，采用分散维护和集中抢修的方式。

10.2.1.2　维护机构设置

生产维护人员仅作为考虑生活及办公设施建筑规模的依据。根据海岛实际情况，增加生产维护人员。

10.2.2　海缆施工监测

海缆的施工比陆缆具有更高的技术性，施工过程中不确定性因素也较多，为了避免施工过程中对海缆质量造成影响，在施工过程中可对海缆进行全程监测。在海缆维修过程中，故障点的测量和定位是关键技术，特别是海上对故障点的精确定位，可缩短整个维修过程。

在施工过程中，主要利用海缆中的传输元件——光纤，通过监测光纤的损耗和应力，来综合分析海缆施工质量的好坏。常用的监测方法包括光时域反射仪（OTDR）法和布里渊光时域反射仪（B-OTDR）法。①OTDR 的测试能精确地反映线路衰减，但不能检测到微小的光纤应变，只是从一个侧面反映衰减变化情况。B-ODTR 采用的是布里渊散射原理，能测试光纤全长度上的应力分布，可在野外或海上进行，方便快速。②OTDR 只能从光纤衰减中看出光纤的受力变化，测试误差较大，而使用 B-OTDR 能很直观地测出光纤应变情况，测试误差很小。③B-OTDR 能对海底光缆制造、装卸、施工和维护的全过程在线监测，可提供大量、更为直观、科学的数据分析，可以对敷设或运行中的海底光缆进行 24 小时的在线监测。④B-OTDR 可以利用辅助设备对故障点进行精确定位。

10.2.3　海缆故障点查找

海缆发生故障的现象主要有供电导体的绝缘破裂发生接地短路，光纤衰减增大或光纤断开，海缆外被破损、扭曲或损伤。导致故障的原因为渔业捕捞造成的损坏、船只抛锚造成的损坏或其他自然灾害等原因。

在海缆维修的整个过程中，海缆故障点位置的确认是整个修复工作的关键工序，准确测量直接关系到打捞和修复的正常进行。故障的定位有两步：首先，从岸端测试海缆故障点的距离和在海上对故障点进行精确定位；其次，通过查阅海缆竣工资料，了解故障点所处海域的自然条件及敷设施工情况，大致推断故障点的位置。目前主要依靠缆内的光纤或缆内导体定位。常用的海缆故障点定位方法有电压测试法、电容测试法、音频测试法、OTDR 测试法、B-OTDR 测试法等。

电压测试法是通过一个恒流供电电源，得到海缆站到故障点间的电位差，由电压与电流之比可得到从海缆站到故障点间的电阻，从而得到海缆站与故障点之间的距离。由于未考虑故障点的大地电阻值，而且每个故障点的电阻值也各不相同，因此这种测试方法必然存在较大的误差。

电容测试法通过测试海缆站到故障点之间的供电导体(铜导体)和接地体(海水、大地)电容，将测试的电容值与海底光缆出厂时的参数相比较后，即可得到故障点与测试点之间的距离。

音频测试法是将一持续音频电脉冲从海缆一端的供电导体输入，维修船可用探测仪追踪此信号，沿海缆探测，在故障点处，由于供电导体与海水的接地，测试脉冲信号消失，从而得到故障点位置。这种方法更多地用于维修船在故障发生的水域寻找海缆，这种方法的测试范围一般小于 300 km。

对海底同轴电缆和海底电力电缆一般采用电压测试法、电容测试法或音频测试法，对海底光缆和海底光电复合缆一般采用 OTDR 测试法、B-OTDR 测试法或几种方法相结合。

10.2.4　海缆线路的维修方案

海缆若发生通信故障，接到维修指令应立即将施工船调遣至事故现场，并根据海缆故障点进行锚泊就位、打捞故障缆、接续及修复海缆。

10.2.4.1　施工船就位

根据海缆故障点坐标，将施工船采用八字开锚固定，方便移船。抛锚时应采用DGPS定位。

10.2.4.2　海缆探摸、打捞

采用的设备：一套空气吸泥机，一台高压水泵，一台 0.9 m³ 空压机，两套潜水装备。

潜水员或潜水器在打捞点入水，持高压水枪并配合空气吸泥设备，沿海缆路由横向吸泥冲沟，沟深达 4 m 以上，直至找到海缆，如图 10-11 所示。

图 10-11　海缆故障查找

找到海缆以后，采用冲埋水枪以及空气吸泥装置分别沿海缆两侧方向同时进行吸泥冲沟，长度各 50 m，直到故障点位置的海缆露出泥面。然后，潜水员或潜水器在这 100 m 范围内水下进行海缆外表面的探摸，基本上有两种情况。

（1）如果在海缆故障测量点处发现外表面有明显损坏的痕迹，在该处做好浮标，然后在离该处 1~2 m 位置，由潜水员或潜水器用水下液压钳将海缆剪断，由水面配合快速将两个端头打捞出水。将确认没有故障的一端海缆封头，套上网套和浮标抛于水中，另一端将故障点海缆截取后，确认剩下的海缆没有故障点后封头，套上网套和浮标抛于水中。将截取下来的故障点海缆移交有关部门进行故障原因鉴定。

（2）如果在事先测量的海缆故障点处以及附近海缆表面没有明显的损坏痕迹，则在测量点位置，由潜水员或潜水器用水下液压钳将海缆剪断，由水面配合快速将两个端头打捞出水。首先利用 OTDR 测试，将无故障端封头，并系上浮筒。考虑到 OTDR 测试时，如果距故障点较近将有盲区，无法确定故障点具体位置，故需要两台 OTDR 同时测试，明确具体位置后，利用施工船上的把杆及相关起重设备吊住海缆，潜水员或潜水器水下配合，继续冲泥，直至海缆故障点打捞出水面。排除故障点后，将此段海

缆封头，系上浮筒。至此完成海缆打捞、故障点排除的施工。故障海缆水下打捞如图 10-12 所示。

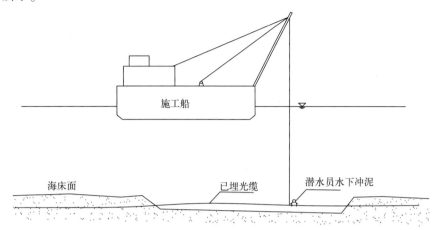

图 10-12　故障海缆水下打捞

10.2.4.3　与原海缆的接头作业(包括敷设和埋深)

当海缆故障点排除后，将备用海缆与打捞段海缆进行接续施工，完成海缆接续的准备工作，如图 10-13 所示。

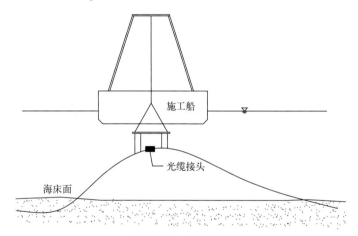

图 10-13　海缆接续

接头完成以后，接头盒绑扎横杆，连同海缆轻放于海底，呈"Ω"弧形形状，并采用吸泥泵在水下由空气吸泥来埋深海缆及海缆接头(埋设深度为 1.5 m)。具体操作如下：施工船抵达待冲埋光缆位置锚泊固定；潜水员(两名)穿戴潜水衣(重潜)入水，找寻海缆位置；利用信绳将高压水枪、吸泥泵头传递给潜水员；启动高压水泵，提供海缆冲埋所需高压水；两名潜水员一前一后对海缆进行反复冲埋配合吸泥泵吸泥，直至 1.5 m 深度。当水深较深时则采用潜水器完成该作业。

10.3 接驳装备布放与回收

海缆敷设完成后，在主施工船上由海缆厂家人员进行海缆与主基站的连接制作。制作时海缆留有一定的余量，便于沉放作业。海底观测网主基站如图 10-14 所示。

图 10-14 海底观测网主基站

为了配合主基站及平台仪器（图 10-15）的顺利沉放，在此施工阶段现场增加一艘锚艇予以配合作业。

图 10-15 海底观测网仪器平台

在水下主基站沉放前必须非常熟悉主基站的结构，多次模拟操作即插口的连接，并在水下湿插拔接口处做好辨别标记，为下一步施工做好准备。沉放主基站选择在水流平缓时，施工前 2 号锚艇由 DGPS 帮助 1 号锚艇抛设四个定位锚，将 1 号锚艇定位成与主施工船船艏相对，抛设锚位与敷设海缆保持安全距离。1 号锚艇在主基站迎面侧两个角各连接一条绳索，主施工船艏部两侧也在主基站迎面侧两个角上各连接一条绳索，主施工船利用船艏扒杆缓缓将设备吊离甲板，两船所连接主基站四个角的绳索由人员拉紧保持稳定。主基站与扒杆顶部垂直后，开始向下沉放。施工人员根据扒杆沉放的速度来释放绳索，防止主基站受水流影响而旋转，沉放速度缓慢，设备至海床面后由潜水员或潜水器下水探摸沉放状况，并解除起吊钢缆及三条浪风绳索，保留一条绳索条作为后续三个仪器平台水下连接的导向绳。若主基站沉放位置不平整，可采用高压水枪水下冲泥调整。

仪器平台连接 50 m 的脐带缆（图 10-16），脐带缆另一端安装水下湿插拔接头（图 10-17），在仪器平台沉放后，需要专业的深水潜水员或潜水器在水下完成水下湿插拔接头与主基站的连接。

图 10-16　组网用的 50 m 脐带缆

图 10-17　水下组网湿插拔接头

主基站沉放后，为了便于辅助锚艇沉放仪器平台，主施工船位置以水下基站沉放点为中心旋转 180°定位，2 号锚艇帮助 1 号锚艇抛锚定位。根据以往施工经验，锚泊作业穿越水下基站设备沉放区时，沉底的锚缆在绞收移动时会造成水下设备的位移或者损伤，特别是仪器平台与主基站之间所连接的脐带缆更可能受锚缆拖曳而损坏。因此，1 号锚艇就位时船尾由 2 号锚艇抛设两只定位锚，而船艏用两条船用缆绳固定在主施工船带缆桩上，1 号锚艇定位后船艏距主基站沉放位置平面距离约 30 m。

仪器平台沉放选择水流平缓时期，作业前由潜水员或潜水器亲自将脐带缆盘绕固定在平台支持杆上并用绳索打结固定，这样便于自己在水下解除绳索取出脐带缆。仪器平台两边各连接一条绳索至甲板，控制沉放时平台的稳定性，防止旋转侧翻。锚艇运用船舶起重扒杆将仪器平台吊离甲板，缓缓沉放入海底，沉放时平台上连接甲板的两条绳索由施工人员同步释放。仪器平台沉放至海床后，交通艇将主基站沉放时保留的一条连接向导绳引至1号锚艇，潜水员或潜水器顺着连接仪器平台的绳索下水，拆除仪器平台上的起吊钢缆及绳索，释放脐带缆后，沿着连接主基站的向导绳索移动，同时布放脐带缆，到达主基站后将水下湿插拔接头连接至指定端口。

为了保护水下湿插拔接头及连接的脐带缆不受外力损坏，在主基站沉放入水前，先在插口处安装电缆抗拉保护装置(图10-18)，当潜水员或潜水器将小仪器平台的即插头插入主基站插孔后，将脐带缆固定于保护装置内，运行中若脐带缆受到外力时，保护装置将防止外力传递到即插头。

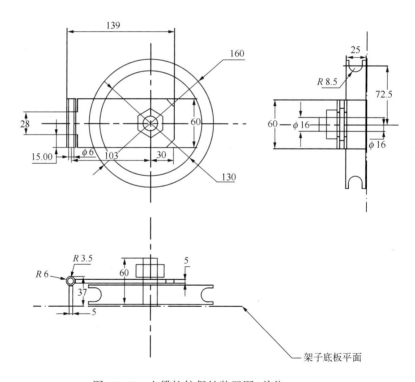

图 10-18　电缆抗拉保护装置图(单位：mm)

其他仪器平台的沉放连接作业采用相同的施工方法，2号锚艇根据指定位置移动定位锚位。

仪器平台沉放并连接完成后，由建设单位技术人员进行运行检测，潜水员或潜水器解除所有水下设备上的导向绳索。

参考文献

工业和信息化部，住房和城乡建设部，2016. 海底光缆工程验收规范：GB/T 51167—2016[S]. 北京：
　　中国计划出版社.
仇胜美，2005. 海底光缆故障判定及测试方法[J]. 海洋工程，23(3)：94-98.
全国海洋标准化技术委员会，2009. 海底电缆管道路由勘察规范：GB/T 17502—2009[S]. 杭州：国
　　家海洋局第二海洋研究所.
住房和城乡建设部，2016. 海底电力电缆输电工程施工及验收规范：GB/T 51191—2016[S]. 北京：
　　中国计划出版社.

11 国内外海底观测网工程

11.1 概述

从 20 世纪 90 年代开始，能够实现长期、连续、实时和原位海底观测，并具有长期电能供给能力和快速数据传输能力的缆系海底观测网受到越来越多的关注。世界各国包括美国、加拿大、日本等国家在面向热液现象、地震监测、海啸预警、全球气候等科学目标上，开展了相关的研究工作，分别建立了各自的海底观测示范网络与实际应用系统，并正式投入使用，典型海底观测网工程如美国的夏威夷-2 观测网（Hawaii-2 observatory，H2O）、火星观测网（MARS），加拿大的 NEPTUNE 和金星海底观测网（VENUS），以及欧洲的 EMSO 等。而国内起步相对较晚，尚处于建设阶段。

11.2 国外典型案例

目前国际上已建成的海洋观测系统主要分布在欧洲、美洲、大洋洲和亚洲（表 11-1、图 11-1），以美国、日本、加拿大等沿海发达国家为首，建立了世界上最初的海洋观测系统。

表 11-1　世界主要立体化海洋观测系统建设情况

序号	海洋观测系统名称	发起/参与部门或组织	布设时间	观测范围
1	全球实时海洋观测网（ARGO）	发起之初仅有 10 个国家参与，现在约有 30 个国家和地区参与	1999 年	全球海洋
2	全球海洋观测系统（GOOS）	联合国教科文组织政府间海洋学委员会（IOC），世界气象组织，国际科学联合会理事会，联合国环境规划署	2003 年	全球海洋
3	美国综合海洋观测系统（IOOS）	美国国家海洋和大气管理局（NOAA）	2005 年	美国海岸与近海、五大湖

序号	海洋观测系统名称	发起/参与部门或组织	布设时间	观测范围
4	美国大洋观测计划（OOI）	美国国家科学基金会（National Science Foundation，NSF）	2016	区域网：东太平洋胡安·德富卡板块；近岸网：太平洋长久（Endurance）阵列和大西洋先锋（Pioneer）阵列；全球网：阿拉斯加湾、伊尔明厄（Irminger）海、南大洋、阿根廷盆地
5	海王星海底观测网（NEPTUNE）	美国首先提出，加拿大于2000年加入	1999年	位于胡安·德富卡板块上，横跨太平洋的一段海床
6	加拿大海底科学观测网（ONC）	维多利亚大学	2013年	加拿大东西部沿海和北极地区
7	欧洲海底观测网（ESONET）	英、德、法等国	2004年	针对大西洋、北冰洋、黑海、地中海不同海域的科学问题，精选10个海区设站建网
8	欧洲海洋观测数据网络（EMOD-net）	欧洲海洋局（Marin Board）、欧洲科学基金会（European Science Foundation，ESF）	2008年	欧洲海岸带、大陆架及周围海盆
9	日本区域性新型实时海底监测网（ARENA）	东京大学	2003年	日本列岛东部海域，沿日本海沟，跨越板块边界
10	日本密集型海底地震和海啸监测网络系统（DONET）	日本防灾科学技术研究所	2011年	伊豆半岛近海东南海域地震震源区
11	阿曼灯塔海洋观测计划（LORI）	美国灯塔企业、阿曼农业和渔业部	2005年	北阿拉伯海和阿曼海
12	澳大利亚综合海洋观测系统（IMOS）	澳大利亚联邦科学与工业研究组织（Commonwealth Scientific and Industrial Research Organization，CSIRO）、托斯玛尼亚大学、气象局、西澳大学等27个单位参与	2006年	澳大利亚袋鼠岛、玛丽亚岛和中央大堡礁附近海域

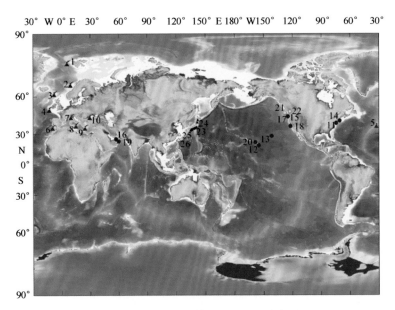

图 11-1　全球有缆海底观测网分布图

　　红三角为欧洲海底观测网（ESONET）位置：1. 北冰洋观测网；2. 挪威大陆边缘观测网；3. 北海观测网；4. 东北大西洋波克潘（Porcupine）观测网；5. 大西洋洋中脊亚速尔（Azores）观测网；6. 伊比利亚大陆边缘观测网；7. 利古里亚海观测网；8. 西西里岛东部海底观测网；9. 地中海希腊（Hellenic）观测网；10. 黑海观测网。

　　红圆点为美国的海底观测网：11. 长期生态系统观测网（LEO-15）；12. 夏威夷海底火山观测网（Hawaii undersea Geo-observatory，HUGO）；13. 夏威夷-2 观测网（H2O）；14. 马撒葡萄园岛海岸带观测系统（MVCO）；15. 蒙特雷湾海底长期三分量海底地震台站（MOBB）；16. 灯塔海洋研究计划 I 期（LORI-I）；17. 火星海底观测网（MARS）；18. 大洋观测计划区域网（OOI-RSN）；19. 灯塔海洋研究计划 II 期（LORI-II）；20. 阿罗哈观测网（ACO）。

　　黄色方形为加拿大的海底观测网：21. 海王星海底观测网（NEPTUNE）；22. 金星海底观测网（VENUS）。

　　黑色三角形为日本的海底观测网：23. 密集型海底地震和海啸监测网络系统（DONET）；24. 日本其他观测网。

　　黄色三角形为中国的海底观测网：25. 小衢山海底观测站（XQ）；26. 中国台湾妈祖海底观测网（MACHO）

11. 2. 1　美国

　　美国是国外海底观测网建设起步较早、布设较多（约 10 条）的典型代表国家之一（表 11-2），如 1996—1998 年期间建立了长期生态系统观测网（LEO-15），1997 年和 1998 年建立了夏威夷海底火山观测网（HUGO）和夏威夷-2 观测网（H2O），2001 年建立了马撒葡萄园岛海岸带观测系统（MVCO），2007 年在夏威夷瓦胡岛南建立了用于近岸生物化学等方面科学研究的 Kilo Nalu 观测系统，2009 年建成了一个用于测试各种水下组网设备的测试平台——火星海底观测网（MARS），2010 年开始建设大洋观测计划区域网（OOI-RSN），到 2011 年建设阿罗哈观测网（ACO），每一个观测网络都有各自的特定科学目标，布设的位置也从海岸带、浅海峡谷地带(如 MARS)到大洋的深海区域(如 OOI-RSN)。

表 11-2　美国海底观测网布设情况

序号	观测网名称	布设单位	布设时间	缆系长度/km
1	LEO-15	罗格斯大学	1996 年	9.6
2	HUGO	夏威夷大学	1997 年	47
3	H2O	伍兹霍尔海洋研究所	1998 年	—
4	MVCO	伍兹霍尔海洋研究所	2001 年	4.5
5	MOBB	蒙特雷湾海洋研究所	2002 年	52
6	LORI-Ⅰ	灯塔研发企业	2005 年	约 120
7	MARS	蒙特雷湾海洋研究所和华盛顿大学	2007 年	52
8	OOI-RSN	华盛顿大学	2010 年	900
9	LORI-Ⅱ	灯塔研发企业	2010 年	354
10	ACO	夏威夷大学	2011 年	

注："—"表示长度无法准确确定

1996 年 9 月，美国罗格斯大学率先在大西洋新泽西大海湾海岸带布设了 LEO-15，这是美国第一个缆系海底观测网，是用于近岸大陆架海洋长期生态科学研究的观测系统，由两个相距 1.5 km 的水下节点和一根长约 9.6 km 的海底光电复合缆组成，其中两个科学节点水深都在 15 m 左右。利用光电复合缆的光纤进行数据传输，电线用于电能传输。每个节点都有 CTD、ADCP、光学背反射探头、叶绿素荧光计等各类海洋科学观测传感器，另外还配套了各类辅助的观测设备。该系统实现了连续、实时的海洋环境观测，成为陆架海底观测系统的典范。

夏威夷罗希火山与热点活动有关，位于海底地幔羽的顶部，是夏威夷火山链中最年轻的火山，火山活动活跃，需要利用海底观测网开展长期、连续的观测。因此，1997 年 10 月夏威夷大学在罗希火山顶部布设了一条长 47 km、深 1 000 m 的海底火山观测网——HUGO，岸基站位于夏威夷的霍努阿波。HUGO 是世界上第一个利用光电复合缆进行电能输送和通信传输的海底观测网，系统拓扑图如图 11-2 所示。HUGO 由美国国家科学基金会资助，观测网络主干缆是美国电话电报公司(AT&T)捐赠的已废弃的跨太平洋通信缆 TPC-1 中的一部分。HUGD 作为海底的一个固定站位，有利于科学家在深海大洋环境场所进行科学研究。HUGO 利用载人潜水器 Pisces V 进行布设和维护。1998 年 4 月，HUGO 出现故障，不能重新启动，同年 10 月使用 Pisces V 给主级接驳盒插入电池包，系统电路正常工作，排除了之前认为是主级接驳盒短路的问题。由于主干光电缆的短路问题以及昂贵的重新布设费用，2002 年 HUGO 被迫停止运转并使用潜水器回收了所有的观测设备。

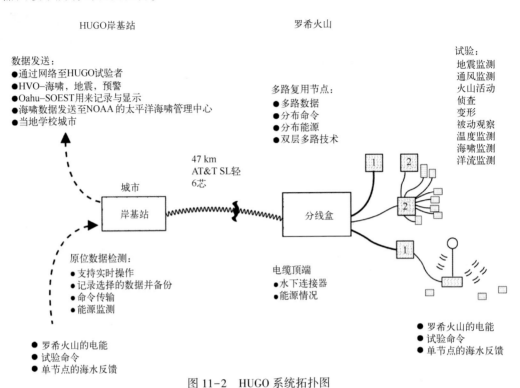

图 11-2　HUGO 系统拓扑图

在东太平洋海域，利用已废弃的 HAW-2 商用海底电话缆，一个永久深海科学研究设施——H2O，于 1998 年 9 月建立于加利福尼亚和夏威夷岛中点附近，节点布放深度约 5 000 m。H2O 建立在距离美国火奴鲁鲁 1 750 km 处，周边 2 000 km 范围内没有任何陆地，这一系统的建立，对全球海洋地震台网的覆盖非常有利。H2O 包含一个海底电缆接头盒，一个接驳盒以及众多的科学传感器，前期布放的深海传感器包括地震仪、地震检波器、水听器、差动压力计、热传感器和海流器等，主要科学目标是在远距离、深海地区获取高质量的宽频带地震数据，获取实时高质量的粒子运动和声学数据，频率范围为 0.01~100 Hz，传感器数据均使用 16 位的模数转换。该系统包含 8 路试验平台接口，使用由 Ocean Design 公司提供的水下湿插拔接头，用于接驳盒与传感器负载在水下插拔连接。H2O 结构示意图如图 11-3 所示。2003 年 5 月，由于电缆中断，同年 10 月的维修航次最终也没有解决问题，H2O 最终停止运转。

在 LEO-15 之后，位于马萨诸塞州的伍兹霍尔海洋研究所（WHOI）在其对面的马撒葡萄园岛上建立了一个长约 4.5 km 的海岸带观测系统——MVCO。自 2001 年建立以来，MVCO 通过不断地更新，共有三个节点分布在 12~16 m 水深的陆架上，离岸最远距离为 3 km，通过主干光电复合缆将三个节点有机连接起来以进行能量供给和信息传输。与 LEO-15 一样，MVCO 搭载了各种探测器和用于观测近海气象特征的观测设备，同时与多种观测手段(如卫星遥感等)相结合提高其作用。MVCO 使科学家可以直接连续观测海岸带区域在各种环境条件下的环境参数，包括北大西洋强烈风暴的观测、海岸侵蚀、沉积物输运和海岸带生物过程。MVCO 总体结构如图 11-4 所示。

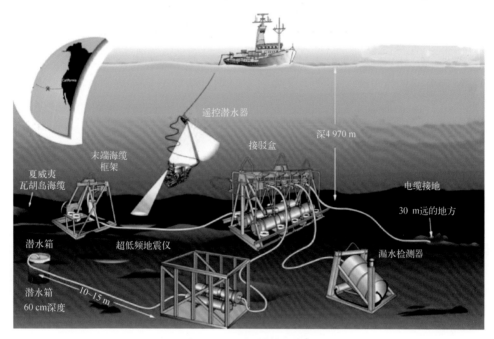

图 11-3　H2O 结构示意图

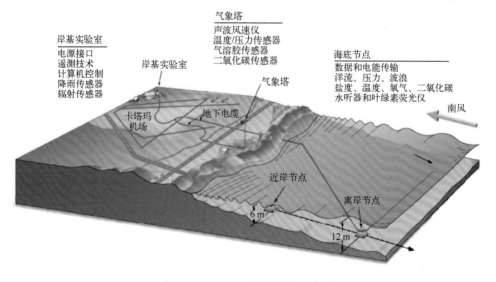

图 11-4　MVCO 总体结构示意图

MARS 是蒙特雷湾海洋研究所和华盛顿大学共同建立的一个用于测试各种水下组网设备的测试平台,位于蒙特雷湾 900 m 深处一个平坦的海底处。该节点与岸基站间海缆长度 52 km,主干网络的总带宽为 1 Gbit/s,岸基站电源提供了 -8 kV 的直流电压以及 10 kW 的电能功率。该观测网络只包括一个水下主节点,节点的重量为 2 100 kg,体积为 4 000 L,具备 8 个可扩展的科学仪器连接端口,每个端口配备 375 V DC 或 48 V DC、100 Mbit/s 通信带宽和 1×10^{-6} s 精度时标信号,并可对每个端口的功率和带宽通过软件(MBARI 2005)进行限制。因该观测网络处于一个峡谷滑坡地带,且是一个深海特征较为明显的区域,自建成以来多家研究机构的设备在该平台上进行了试验。该观测网络只需通过水下湿插拔接头连接到接驳盒上即可获取长时间的能量供给和实时通信,大大简化了研究手段,但因其供电电压较高,技术难度较大,建立过程颇为周折。2001 年即开始了可行性和试验研究,直到 2007 年才开始敷设,2008 年安装和运行,但启动 20 分钟后即出现高压输电故障,半年后才恢复并成功运行至今。MARS 总体结构如图 11-5 所示。

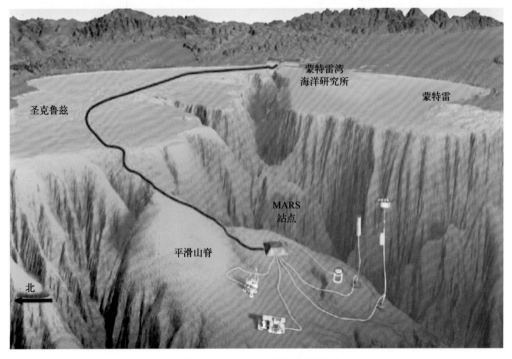

图 11-5　MARS 总体结构网

MARS 加速了北美地区(主要是美国和加拿大)海底应用技术及设备的发展进程,是该地区海底观测领域研究保持领先的关键因素,也为我国以海底线缆连接的观测网提供了技术验证平台和发展思路借鉴。

美国国家科学基金会在 2016 年宣布，历时 10 年、耗资 3.86 亿美元的大洋观测计划（OOI）正式启动运行。OOI 海底观测网是一个长期的科学观测系统，由区域网（RSN）、近岸网（CSN）和全球网（GSN）三大部分构成，如图 11-6 所示。

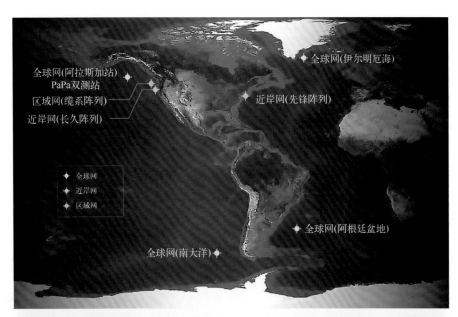

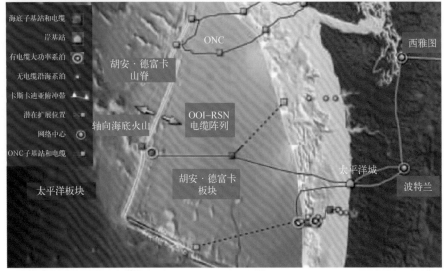

图 11-6　美国大洋观测计划海底观测网

OOI 海底观测网观测形式多种多样，一是通过海底光电复合缆有缆连接方式，为水下持续提供电源和传输数据；二是锚系连接方式，试验平台上由电池自主供电，利用卫星将数据传输到陆地；三是移动观测方式，利用潜水器或水下滑翔机（AUG），实现大范围的时空观测。

　　OOI 海底观测网中区域网最大，为有缆连接方式，设在东北太平洋的胡安·德富卡板块，也是"海王星"计划中美国负责的部分；近岸网在东西海岸各建一个，东海岸外的先锋阵列和西海岸外的长久阵列，主要采用锚系连接方式；全球网在具有全球意义的关键海区设置，包括阿拉斯加湾、伊尔明厄海、南大洋和阿根廷海盆，主要采用移动观测方式。

　　OOI 已经在美洲大陆架邻近海域内建立了 6 个观测站，其中以线缆为主干网络的区域缆线阵列（Regional Cabled Array，RCA）也铺设在胡安·德富卡板块，传感器设备已经超过 140 种（图 11-7）。RCA 网络中有 7 个主节点，每个主节点都可提供 8 kW 功率、10 GbE 通信带宽以及授时脉冲，并于 2014 年起全部平稳运行。水下次级接驳盒由华盛顿大学应用物理学实验室研制，每个次级接驳盒都具备 8 个传感器连接端口，每个端口具备电源［12 V（DC）、24 V（DC）及 48 V（DC）］、10/100 Mbit/s 以太网通信、RS232、RS485 以及精准授时（授时精度约为 10 μs）。

图 11-7　OOI-RCA 网络中所用的部分设备

　　美国海底观测网的特点主要是在科学驱动下建立了近海尺度的 LEO-15、MVCO 和 MARS，以及区域尺度的 OOI-RSN；观测网系统完善，建立了不同研究重点的网络，如生态系统网络（LEO-15），地震和火山观测网（H2O、NeMO 和 HUGO）；不同观测平台相互连接日趋成熟，如浮标、锚系与有缆海底观测系统的连接；观测网的建设具有全球性，且包括短期和长期的观测。此外，观测网还使用 ROV、AUV 和 AUG 等高新技术设备。

11.2.2 加拿大

加拿大建成并运转的主要有两个有缆海底观测网，即区域尺度海底综合观测网 NEPTUNE 和近岸尺度观测网 VENUS，是北美地区具有代表性的海底观测网。

VENUS 是位于加拿大维多利海峡的一个小型观测网。VENUS 由 3 个节点组成两个观测部分：其中一个节点位于萨尼奇海湾 96 m 水深处，由一个离岸约 3 km 的单一节点构成，可支持多达 8 个水下仪器接口模块(SIIM)，采用 −400 V(DC) 左右电压源供电，通信总带宽 1 Gbit/s，于 2006 年开始运行；另外两个节点位于佐治亚海峡(Strait of Georgia) 170 m 水深和 300 m 水深处，主干缆总长约 40 km，每个节点可支持多达 8 个水下仪器接口模块，采用 −1.2 kV(DC) 左右电压源供电，通信总带宽为 1 Gbit/s，于 2008 年建成运行。两部分实际为两个水下完全独立的观测系统，但其共用同一岸基数据库与管理系统。相对于前期的观测系统，VENUS 更具有通用性，是面向多学科的海洋观测而不再局限于某个或者某些科学方面的研究。该观测网的设计具有革命性意义，首先，采用了在可靠性上具有较大改进的水下湿插拔组件，水下组网方式变得更加便捷；其次，采用了全网直流供电技术，扩展、维护和升级都变得非常容易；再次，数据库系统实现了共享，提供了一个让更多人参与的科学研究平台。

加拿大的 NEPTUNE 则是以其线缆覆盖范围最大、仪器种类众多而成为世界上第一个区域尺度的线缆海洋观测网络，于 2009 年开始提供实时数据。该网络位于不列颠哥伦比亚省温哥华岛西海岸，并横跨胡安·德富卡板块，覆盖范围约 20×10^4 km^2，仪器种类达 130 余种(图 11-8)。

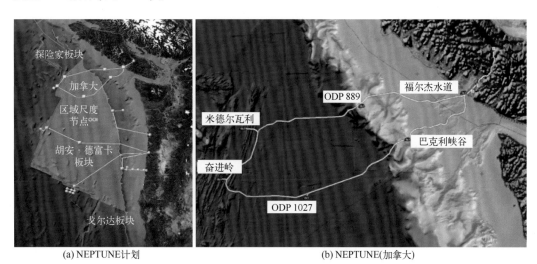

(a) NEPTUNE 计划   (b) NEPTUNE(加拿大)

图 11-8 NEPTUNE 海底观测网

最初提出的 NEPTUNE 计划为美国–加拿大联合建设的宏伟工程，目的是实现真正意义上的区域性海底观测，建成一个由 2 000 km 的海底光电复合缆，数十个节点，上万个观测设备或者仪器组成的覆盖 20×10^4 km² 海域的实时观测系统。但因经费原因，美国部分的观测网尚未建成，而加拿大部分于 2009 年 12 月正式运行。加拿大的 NEPTUNE 由 800 km 的光电复合海缆连接 6 个节点组成，并形成一个环网，节点水深 17~2 660 m，每个节点的主级接驳盒可扩展出数个次级接驳盒，次级接驳盒可连接各类设备，形成了一个顶层为环形结构、底层为树形结构的复杂网络。该系统的供电是水下直流恒压系统的代表之作，为了提高该海底观测网的供电可靠性，采用了环形结构，从而可以使用两个岸基站，当主干缆某处出现故障时，可通过线路故障隔离方式将故障段线路隔离，然后该系统被故障点分割成两个网络，由于采用了两个岸基站供电，系统仍然能够稳定地工作，大大地提高了其运行的可靠性。输电方式沿用 MARS 系统的技术，同样采用了–10 kV（DC）供电，而每个主级节点（主级接驳盒）配备 6 个湿插拔接口，可供仪器设备成阵或拓展，每个接口具备双向 16 Gbit/s 光以太网链接和高达 9 kW[400 V（DC）]电能，整个网络的最大供电功率可达 60 kW，远高于现有的任何水下观测网。主级接驳盒内部通过 DC/DC 变换实现高压到 375 V（DC）的电能变换，通过扩展口传输到次级接驳盒。次级接驳盒同样通过 DC/DC 变换的方式将 375 V（DC）变换为仪器可以直接使用的电平如 48 V、24 V、15 V 等直流电，以及 10/100 Mbit/s 以太网通信口，该次级接驳盒最大传输电能同样达到了 10 kW。为了应对各类输电故障，每个接驳盒内部在故障诊断和隔离上做了较为细致的处理以避免短路等致命性故障存在。除了设备上的故障以外，加拿大 NEPTUNE 对主干输电缆上的故障诊断也做了相应研究，当故障出现在主干缆时，能够可靠地将故障点定位和隔离，以保证系统在损失最小的情况下恢复运行。加拿大 NEPTUNE 结构如图 11-9 所示。

加拿大海底科学观测网是由 NEPTUE（2009 年建成）和 VENUS（2006 年建成）在2013 年合并组建而成。NEPTUNE 和 VENUS 都由加拿大维多利亚大学运行和维护，数据通过网络从无人岸基站传输到数据中心。加拿大海底科学观测网的整体使用寿命大于 25 年，该观测网络主要是利用海底光电缆构建的具备观测和数据采集、能源供给和数据传输、交互式远程控制、数据管理和分析等功能的软硬件集成系统，实现对不同深度的海底、地壳板块运动、生态环境变化及海洋生物群落长期实时连续观测，并可通过因特网进行实时传输。

加拿大的海底观测网的特点是：在科学目标驱动下，建立了近海尺度的 VENUS 和区域尺度的 NEPTUNE；观测网系统完善，预留和设计了为将来扩充的端口，开创了全球有缆海底观测网的典范和标准；核心技术为 SIIM；观测网组建过程中，使用了先进的潜水器——海洋科学遥控操作平台（ROPOS）；观测网数据全球公开。

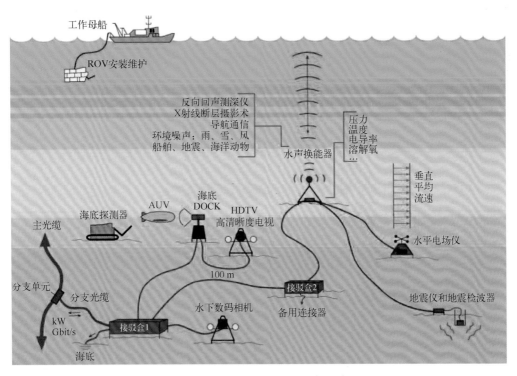

图 11-9　加拿大 NEPTUNE 结构示意图

11.2.3　日本

日本是最早建立有缆观测网的国家，早在 1978 年，日本就建成了第一套海底缆系观测系统并用于地震监测，从那以后日本在本岛周围尤其是东面相继建成了多个海底观测系统(图 11-10)，如 1979 年建成日本海海区观测网，1986 年建成房总(Boso)海区地震观测网，2011 年成功运行密集型海底地震和海啸监测网络系统。

为发展广域范围内实时海底地震研究与监测以及海啸观测与分析的基础技术，建立大范围实时海底观测的基础设施，形成一个高密度的网络，以开展大范围、高精度的连续观测，从 2006 年开始，日本在菲律宾海板块与欧亚板块边界处的南海海槽日本东南海域建设缆系 DONET。DONET 主干缆长度为 320 km，包含 6 个通信中继器、5 个分支单元、5 个终端单元和科学节点，计划在建成之初，能够连接 20 个观测平台，相邻观测平台间隔 15~20 km，并在将来可对观测网络进行扩展，另外连接 20 个观测平台。

DONET 第二阶段从 2010 年开始建设，计划在纪伊半岛安装 29 个地震观测台站、2 个岸基站、7 个科学节点及 450 km 长的主干光电缆，2013 年开始海底布设，2015 年系统开始运行。水下关键设备主要是海底地震仪、海啸压力计和主干光电缆末端多传感器平台。多传感器平台主要由一些测量环境参数的传感器组成，如海流计、声学多普勒流速剖面仪、温盐深剖面仪、温度探针、水听器、照相设备和石英压力计等。DONET 系统包含三个主要组成部分，每一部分具有不同的系统可靠度，分别为：具有最高可靠度的主干光电缆、可维护的科学节点以及可扩展的观测平台。DONET-1 和 DONET-2 海底观测网如图 11-11 所示。

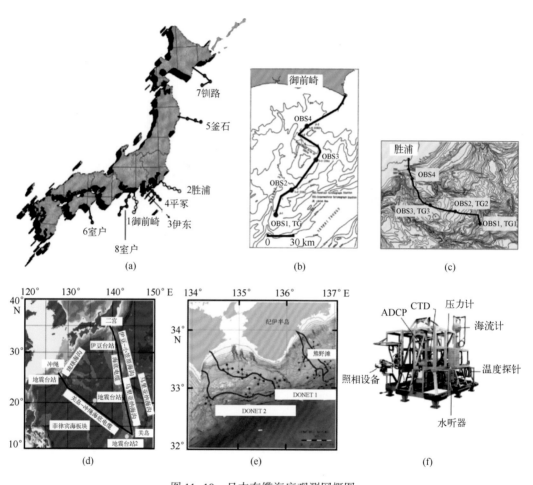

图 11-10　日本有缆海底观测网概图

（a）1979—2008 年日本海域布设的 8 条有缆观测网示意图；（b）1979 年布设的御前崎（Omaezaki）同轴电缆观测网；（c）1986 年布设的胜浦同轴电缆观测示意图，OBS 为海底地震仪台站，黑线为海底电缆，黑点为台站位置；（d）1997 年在电信环太平洋电缆（trans Pacific cable-1）安装的海底地震仪台站；（e）密集型海底地震和海啸监测网络系统（DONET）的一期和二期布局；（f）主干光电缆末端多传感器平台示意图

　　日本海底观测网的主要特点是起步早，从笨重昂贵的同轴电缆到轻巧的光电复合缆为海底主干电缆。观测网以监测地震和海啸为主要目的。观测网规划比较长远，组网技术成熟。

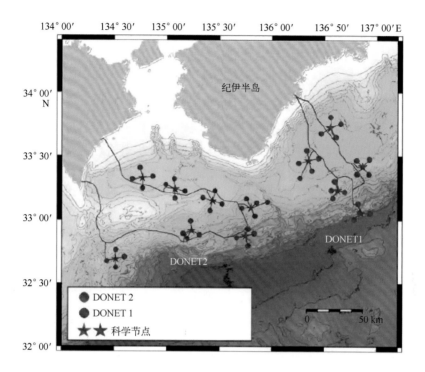

图 11-11 日本的 DONET-1 和 DONET-2

11.2.4 地中海地区

在欧洲，海底观测网的建设也早早就进入了议程，早在20世纪90年代，一系列关于海底观测的会议和研究在欧洲展开，并提出了围绕意大利的地球物理学和海洋学深海研究站计划（geophysical and oceanographic station for abyssal research，GEOSTAR）展开海底观测网建设，但并没有形成真正意义上的海底观测网。之后陆续提出了 ESONET、ESONIM、欧洲多学科海底及水体观测网（European multidisciplinary seaftor and water-column observatory，EMSO）等各项计划并开展了部分工作。

根据全球环境监测与保护计划开展 4D 观测的需要，英国、德国、法国于 2004 年制定了欧洲海底观测网计划，系统计划布设 5 000 km 的主干光电缆，经费估计 1.3 亿至 2.2 亿美元。与 NEPTUNE 类似，ESONET 是为了对地球物理学、化学、生物化学、海洋学、生物学和渔业等提供长期战略性监测能力，针对从北冰洋到黑海不同海域的科学问题，在大西洋与地中海精选 10 个海区建立海底观测网，但它不是一个独立完整的海底观测网，而是由不同地区间的网络系统组成的联合体。2005—2008 年完成设备的研制，并开展电缆式和浮标式的仪器试验工作，2009 年进入观测状态。ESONET 采用有缆和无缆两种观测站系统，获得的数据参考德国国际海洋数据中心的

泛古陆 "PANGEA" 系统管理方式。欧洲有缆海底观测网位置如图 11-12 所示。

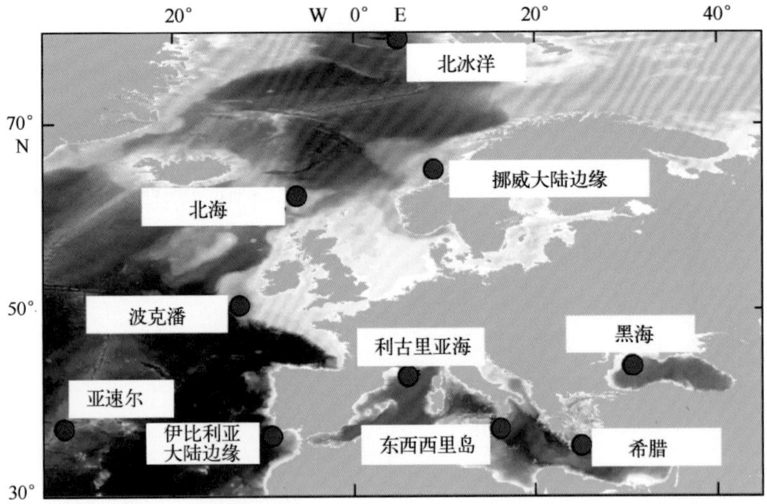

图 11-12 欧洲有缆海底观测网位置

EMSO 是一个分布在欧洲的大范围、分散式科研观测设施。如图 11-13 所示，EMSO 是以早期的 ESONET 为基础而建立的，由分布在从北极圈到黑海范围的 12 个关键区域网络集合而成，包含 11 个深海节点和 4 个浅海试验节点。在 EMSO 网络平台上已经部署验证的传感器有宽带 3-C 地震仪(Guralp CMG1T)、磁力计(GEM System)、重力仪、水听器、高精度海底压力计、差分压强计、声学多普勒流速剖面仪、三分量流速计、CTD(海岛公司)、透射仪、浊度计、气体传感器(Capsum)、化学分析仪、辐射计、自动水体采样计。EMSO 最引人注目的特色是对海洋多学科、多目标、多时空尺度的观测研究，观测目标包括海底、底栖生物、水柱和海洋表面。根据应用需求，海底原位观测设备和仪器通过连接光电复合缆，实现为海底仪器设备、固定观测平台和移动观测平台持续供电。EMSO 关键站点分布及主要结构如图 11-14 所示。

各个子站点网络根据其节点特性需求不同，配备的设备及传感器的规模也不同，如北冰洋节点处于北冰洋冰层融化流入大西洋关键带上，主要目标是长期跟踪北大西洋和北冰洋交汇处的环境变化，试验验证控制深海生物多样性的关键因素；黑海观测网位于欧亚大陆最大的区域型海洋，主要观测目标是环境问题研究、自然灾害影响、深海区域气体监测；伊比利亚大陆边缘观测网位于欧亚大陆和非洲板块结合海底隆起处，此处地质活动频繁，主要观测目标是对地震活动进行监测。

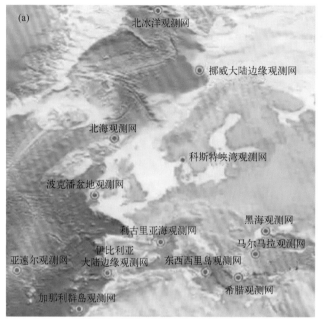
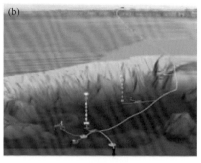
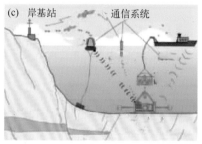

图 11-13　EMSO 关键站点分布及主要结构示意图

(a) 13 个站点分布；(b) 基于线缆结构的实时数据传输观测网示意图；

(c) 基于水声通信、卫星通信、潜浮标平台的准实时数据传输观测网示意图

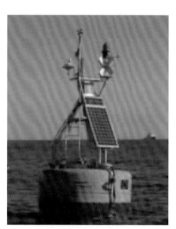
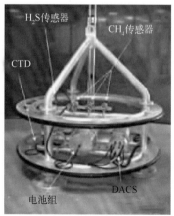

(a) 装备的潜标　　　　　　(b) 通信浮标　　　　　　(c) 水气体监测模块

图 11-14　EMSO 所用设备

　　位于欧亚大陆交汇位置的塞浦路斯于 2012 年前在地中海上建成了海啸预警及响应系统网络（Tsunami Warning and Early Response System of Cyprus，TWERC）第一期工程。该网络所在深度约 1 900 m，海底光电缆总长度 255 km，共 5 个海底节点、1 个锚系平台以及 1 个海水接地阳极。该网络由美国 Csnet 国际有限公司以及 Harris Cap Rock 通讯

公司承接设计并建设。采用浮标为通信基站的理念，将节点所收集的信息进行准实时传输，主节点由 Ocean Works 设计生产，水下设备主要有地震仪以及海啸传感器（图 11-15）。

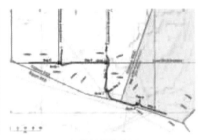

(a) 网络概念图　　　　　(b) 网络铺设路线图　　　　　(c) 主节点以及浮标

图 11-15　TWERC

地中海区域的海底观测网的特点是跨不同海区；有各自的科学意义；观测网发展的平台多，包括早期移动平台和长期有缆观测平台；参与国家众多。

11.2.5　其他地区

在现代传感器、潜水器、海底光纤电缆、物联网、大数据等新型技术的推动下，海底观测网呈现出综合性立体观测、数据深度发掘、多种观测计划综合交叉融合的发展趋势。虽然其他国家和地区也有对海底观测网进行研究及应用，但都不及美国、加拿大、日本以及欧洲各国在海洋领域的先发优势。

11.3　国内典型案例

11.3.1　摘箬山岛海底观测示范网

2014 年 9 月，浙江大学 HOME 团队在东海摘箬山岛海域成功建立了一套-10 kV 供电的海底观测示范网，观测系统示意图参见前文图 1-8(c)，包含一主一次接驳盒两套观测设备，缆长 1.5 km，水深 10 m。这是我国首套长期运行的高压供电海底观测网，标志着所研制的接驳盒系统具有极高的可靠性，具备长期运行能力。

11.3.2　南海深海试验网

在"十二五"期间，由中国科学院声学研究所牵头，联合浙江大学、清华大学、中国海洋大学、中天海缆有限公司等多家国内科研院所和企业的研发团队共同承担了国家 863 计划重大项目"海底观测网试验系统"。经过数年的研究,于 2015 年至 2017 年先后三次开展了海上建设和运维工作,并最终在南海建成了我国首个大型海底观测网。已建成的观测网缆长 150 km,水深 1 800 m,包含 1 个主接驳盒、2 个次接驳盒、6 台观测仪器(图 11-16)。系统于 2016 年 9 月连续运行至今,是我国首个大型深远海海底观测网,这也标志着我国成为继美国、加拿大、日本等之后具备并建成区域性海底观测网的国家。

图 11-16　南海深海试验网建设

参考文献

陈绍艳, 张多, 麻常雷, 2015. 加拿大 VENUS 海底观测网[J]. 海洋开发与管理, 32(11): 17-19.

金田义行, 彭岩, 2011. 日本先进的实时海底观测网[J]. 国际地震动态(11): 5-6.

李风华, 路艳国, 王海斌, 等, 2019. 海底观测网的研究进展与发展趋势[J]. 中科院院刊, 34(3): 321-330.

罗续业, 2015. 海洋技术进展[M]. 北京: 海洋出版社, 243-264.

彭晓彤, 周怀阳, 吴邦春, 等, 2011. 美国 MARS 海底观测网络中国节点试验[J]. 地球科学进展, 26(9): 991-996.

朱俊江, 孙宗勋, 练树民, 等, 2017. 全球有缆海底观测网概述[J]. 热带海洋学报, 36(3): 20-33.

淘智, 2014. 海底观测网络现状与发展分析[J]. 声学与电子工程(4): 45-49.

ARAKI E, YOKOBIKI T, KAWAGUCHI K, et al., 2013. Background seismic noise level in DONET seafloor cabled observation network [C]// IEEE. 2013 IEEE International Underwater Technology Symposium (UT), March 5-8, Tokyo: IEEE: 1-4.

AUSTIN T, EDSON J, MCGILLIS W, et al., 2000. The Martha's Vineyard coastal observatory: a long term facility for monitoring air-sea processes [C]// IEEE. OCEANS 2000 - MTS/IEEE Conference and Exhibition, September 11-14. Providence, RI: IEEE: 1937-1941.

BARNES C R, TUNNICLIFFE V, 2008. Building the world's first multi-node cabled ocean observatories (NEPTUNE Canada and VENUS, Canada): science, realities, challenges and opportunities[C] // IEEE.

OCEANS 2008-MTS/IEEE Kobe Techno-Ocean, April 8-11. Kobe: IEEE: 1-8.

CHAVE A D, DUENNEBIER F K, BUTIER R, et al., 2002. H2O: the Hawaii-2 observatory[M]//Science technology synergy for research in the marine environment: challenges for the XXI century, Volume 12. Amsterdam: Elsevier: 83-91.

CHAVE A D, WATERWORTH G, MAFFEI A R, et al., 2004. Cabled ocean observatory systems[J]. Marine Technology Society Journal, 38(2): 30-43.

CHEN Y H, HOWE B, YANG C J, 2015. An actively controlable switching method for tree topology seafloor observation network[J]. IEEE Journal of Oceanic Engineering, 40(4): 993-1 002.

CHEN Y H, YANG C J, LI D J, et al., 2013. Study on 10 kVDC powered Junction Box for A Cabled Ocean Observatory System[J]. China Ocean Engineering, 27(2): 265-275.

CLARK A M, KOCAK D M, 2011. Installing undersea networks and ocean observatories: The CSnet Offshore Communications Backbone (OCB)[C]// IEEE. OCEANS 2011-MTS/IEEE KONA, September 19-22. Waikoloa, HI: IEEE: 1-9.

COWLES T, DELANEY J, ORCUTT J, et al., 2010. The Ocean observatories initiative: Sustained ocean observing across a range of spatial scales[J]. Marine Technology Society Journal, 44(6): 54-64.

DAWE T C, BIRD L, TALKOVIC M, et al., 2005. Operational support of regional cabled observatories the MARS facility[C]//IEEE. OCEANS 2005-MTS/IEEE, September 17-23. Washington, D. C.: IEEE: 1-6.

DELANEY J R, HEATH G R, HOWE B, et al., 2000. NEPTUNE: real-time ocean and earth sciences at the scale of a tectonic plate[J]. Oceanography, 13(2): 71-79.

DIMARCO S F, WANG Z K, JOCHENS A, et al., 2012. Cabled ocean observatories in sea of Oman and Arabian Sea[J]. EOS, Transactions American Geophysical Union, 93(31): 301-302.

DUENNEBIER F K, HARRIS D W, JOLLY J, et al., 2002a. HUGO: the Hawaii undersea geo-observatory [J]. IEEE Journal of Oceanic Engineering, 27(2): 218-227.

DUENNEBIER F K, HARRIS D W, JOLLY J, et al., 2002b. The Hawaii-2 observatory seismic system[J]. IEEE Journal of Oceanic Engineering, 27(2): 212-217.

DUENNEBIER F K, HARRIS D W, JOLLY J, 2008. ALOHA cabled observatory will monitor ocean in real time[J]. Sea Technology, 49(2): 51-54.

EDSON J B, MCGILLIS W R, AUSTIN T C, 2000. A new coastal observatory is born: Martha's vineyard offers scientifically exciting site[J]. Oceanus, 42(1): 31-33.

FAVALI P, BERANZOLI L, MATERIA P, et al., 2015. EMSO European research infrastructure: Towards an integrated strategy for the observation of the seafloor and the water column[C]// IEEE. OCEANS 2015, May 18-21. Genova: IEEE: 1-2.

FORRESTER N C, STOKEY R P, VON ALT C, et al., 1997. The LEO-15 long-term ecosystem observatory: design and installation[C]// IEEE. Proceedings of OCEANS 1997-MTS/IEEE, October 6-9. Halifax: IEEE: 1082-1088.

GEORGIOU G, CLARK A M, ZODIATIS G, et al., 2010. Design of a prototype tsunami warning and early response system for Cyprus-TWERC[C]// IEEE. Oceans 2010, May 24-27. Sydney, NSW: IEEE: 1-5.

GUGLIANDOLO C, ITALIANO F, MAUGERI T L, 2006. The submarine hydrothermal system of Panarea (Southern Italy): Biogeochemical processes at the thermal fluids-sea bottom interface[J]. Annals of geophysics, 49(2): 783-792.

HEADLEY K L, DAVIS D, EDGINGTON D, et al., 2003. Managing sensor network configuration and metadata in ocean observatories using instrument pucks [C]// IEEE. The 3rd International Workshop on Scientific Use of Submarine Cables and Related Technologies. Proceedings 2003 International Conference Physics and Control, June 25-27. Tokyo: IEEE: 67-70.

HOFMANN M, 2010. Designing a network for ocean observatories[C]// IEEE. OCEANS 2010-MTS/IEEE, September 20-23. Seattle , WA: IEEE: 1-4.

HOWE B, DUENNEBIER F, LUKAS R, 2015. The ALOHA cabled observatory[M]//Favali P, Beranzoli L, Santis A. Seafloor observatories: A new vision of the Earth from the Abyss. Berlin. Springer: 438-464.

HOWE B M, KIRKHAM H, VORPERIA V, 2002. Power system considerations for undersea observatories [J]. IEEE Journal of Oceanic Engineering, 27(2): 267-274.

JAMIESON E K, PETITT R A, ZHU Y J, 2012. Power systems for coastal and global scale Nodes of the Ocean Observatories Initiative[C]//IEEE. 2012 OCEANS, October 14-19. Hampton Roads, VA: IEEE: 1-9.

KASAHARA J, SATO T, MOMMA H, et al., 1998. A new approach to geophysical real-time measurements on a deep-sea floor using decommissioned submarine cables[J]. Earth, Planets and Space, 50(11/12): 913-925.

MARINARO G, ETIOPE G, GASPARONI F, et al., 2004. GMM-a gas monitoring module for long-term detection of methane leakage from the seafloor[J]. Environmental Geology, 46(8): 1053-1058.

MATHEWSON M, ZANI C, 2012. Project update: Wire following profiler improvements, sensor configuration, and schedule for the Oceans Observatories Initiative[C]// IEEE. 2012 OCEANS, October 14-19. Hampton Roads, VA: IEEE: 1-3.

MOMMA H, SHIRASAKI Y, KASAHARA J, 1998. The VENUS project-instrumentation and underwater work system[C]//IEEE. Proceedings of the international workshop on the scientific use of submarine cables, April 17. Tokyo: IEEE: 103-108.

MUSTAFA Y, PAUL M, 2004. Broadband vibrating quartz pressure sensors for tsunameter and other oceanographic applications[C]//IEEE. OCEANS 2004-MTS/IEEE Techno-Ocean '04, November 9-12. Kobe: IEEE(3): 1 381-1 387.

NAGUMO S, WALKER D A , 1989Ocean bottom geoscience observatories: reuse of transoceanic telecommunications cables[J]. EOS, Transactions American Geophysical Union, 70(26): 673-677.

ORION EXECUTIVE STEERING COMMITTEE, 2005. Ocean observatories initiative science plan[R]. Washington D. C.: Geoscience Professional Services: 1-102.

PIRENNE B, GUILLEMOT E, 2009. The data management system for the VENUS and NEPTUNE cabled observatories[C]//IEEE. Proceedings of OCEANS 2009-EUROPE , May 11-14. Bremen: IEEE: 1-4.

PRIEDE I G, SOLAN M, 2002. European seafloor observatory network[R]. Aberdeen: 1-362.

PRIEDE I G, SOLAN M, MIENERT J, et al., 2003. ESONET-European seafloor observatory network [C]// IEEE. The 3rd International Workshop on Scientific Use of Submarine Cables and Related Technologies. Proceedings 2003 International Conference Physics and Control, June 25-27. Tokyo: IEEE: 263-265.

PRIEDE I G, SOLAN M, MIENERT J, et al., 2004. ESONET-European seafloor observatory network[C]// IEEE. OCEANS 2004-MTS/IEEE Techno-Ocean '04, November 9-12. Kobe: IEEE(4): 2 155-2 163.

RYAN J, CLINE D, DAWE C, et al., 2016. New passive acoustic monitoring in Monterey Bay National Marine Sanctuary[C]// IEEE. OCEANS 2016-MTS/IEEE, September 19-23. Monterey , CA: IEEE: 1-8.

TAMBURRI M N, BARRY J P, 1999. Adaptations for scavenging by three diverse bathyla species, Eptatretus stouti, Neptunea amianta and Orchomene obtusus[J]. Deep-Sea Research Part I: Oceanographic Research Papers, 46(12): 2 078-2 093.

TAYLOR S M, 2008. Supporting the operations of the NEPTUNE Canada and VENUS cabled ocean observatories[C]// IEEE. Proceedings of OCEANS 2008-MTS/IEEE Kobe techno-ocean, April 8-11. Kobe: IEEE: 1-8.

TAYLOR S M, 2009. Transformative ocean science through the VENUS and NEPTUNE Canada ocean observing systems[J]. Nuclear Instruments and Methods in Physics Research Section A: Accelerators, Spectrometers, Detectors and Associated Equipment, 602(1): 63-67.

TOSHIHIKO K , 2013. Japan Trench earthquake and tsunami monitoring network of cable-linked 150 ocean bottom observation and its impact to earth disaster science[C]//IEEE. 2013 IEEE International Underwater Technology Symposium (UT), March 5-8. Tokyo : IEEE : 1-5.

VON ALT C J, GRASSLE J F, 1992. Leo-15 an unmanned long term environmental observatory[C]//IEEE. OCEANS 92 Proceedings@ m_Mastering the Oceans Through Technology, October 26-29. Newport: IEEE: 849-854.

ZHANG F, CHEN Y H, LI D J, et al., 2015. A double-node star network coastal ocean observatory[J]. Marine Technology Society Journal, 49(1): 58-70.